镇安一号果实

华丰板栗结果状

板栗幼林

板栗雄花

板栗雌花

板栗幼苗

板栗疏雄

板栗杂交育种

板栗夏剪

板栗人工授粉

板栗高接换头

板栗林冬态

果树周年管理技术丛书

板栗 周年管理关键技术

主 编

吕平会 何佳林 梅牢山

编著者

梁文娟 王 煊 刘杜玲
何亨苓 张忠良 汪锁芬
赵小平 齐荣水 王 俐
郭纪昱 齐小宜 贾志新
高晓斌 魏引田 刘建成

金盾出版社

内 容 提 要

本书由西北农林科技大学的专家编著。内容包括：板栗周年管理的基本知识，板栗优良品种，萌芽期至开花期的管理，坐果后的管理，果实成熟前的管理，采收、分级及包装，采收后至落叶前的管理，休眠期（落叶后至翌年萌芽前）管理等8章。全书内容科学充实，技术先进实用，适宜广大栗农、基层果树科技人员学习使用，也可供农林院校相关专业师生阅读参考。

图书在版编目(CIP)数据

板栗周年管理关键技术/吕平会，何佳林，梅牢山主编． -- 北京：金盾出版社，2012.1
（果树周年管理技术丛书）
ISBN 978-7-5082-7178-1

Ⅰ.①板… Ⅱ.①吕…②何…③梅… Ⅲ.①板栗—果树园艺 Ⅳ.①S664.2

中国版本图书馆 CIP 数据核字(2011)第 198553 号

金盾出版社出版、总发行
北京太平路5号(地铁万寿路站往南)
邮政编码：100036　电话：68214039　83219215
传真：68276683　网址：www.jdcbs.cn
封面印刷：北京印刷一厂
彩页正文印刷：北京金盾印刷厂
装订：永胜装订厂
各地新华书店经销
开本：850×1168 1/32　印张：4.75　彩页：4　字数：107千字
2012年1月第1版第1次印刷
印数：1～8000册　定价：10.00元

（凡购买金盾出版社的图书，如有缺页、倒页、脱页者，本社发行部负责调换）

前　言

　　板栗系壳斗科栗属坚果类植物,在我国分布较广。北起辽宁、吉林,南至海南,东起山东沿海地区,西至内蒙古、甘肃等省(自治区),横跨温带至热带5个气候带、21个省(自治区),尤以黄河流域的华北和长江流域各省栽培集中,面积、产量较大。

　　板栗是我国传统的特色坚果,素有"铁杆庄稼"和"木本粮食"之称。板栗在我国栽培历史悠久。我国板栗在世界食用栗中占有重要位置,以品质优良、抗逆性强著称,深受国内、外消费者喜爱,主要销往日本、东南亚等地,是世界各国进行食用栗品种改良的重要品种来源。板栗是我国位居产量第三和出口第一的干果。2006年世界栗产量114万吨,结果树占地面积100万公顷。我国2003年板栗产量近60万吨,占世界总产量的64.9%,排名第一。据海关总署统计资料显示,我国每年板栗出口量为3万吨左右,近年出口价每千克15~16元,为国家争创了大量外汇。

　　板栗耐寒、抗旱、耐瘠薄,对环境条件要求不严,且寿命长、综合利用价值高。栗树树形美观,具有较强的抗烟尘能力;栗实可制成各种名贵食品;栗粉是食品工业的主要原料;栗树皮、栗苞含有单宁,可提取栲胶;栗材坚硬抗腐,是制作枕木、坑木、车船的优质材料。发展板栗生产,既可开发山区资源,振兴地方经济,又有利于丰富市场果品供应,满足城乡群众生活水平日益提高的要求。栽种板栗不仅绿化了荒山、美化了环境,还对加快山区栗农脱贫致富和社会主义新农村建设步伐具有积极的推动作用。

为了更好地服务于生产,提高板栗的产业和品质,促进板栗产业的健康发展,并结合我们30多年在秦巴山区从事板栗研究工作的经验编写了《板栗周年管理关键技术》一书,主要从板栗的生产的优良品种,建园栽培技术,修剪整形,病虫害防治,贮藏,板栗营销等方面,按照物候管理顺序进行了论述,期望能帮助更多的群众掌握板栗生产的科技知识。由于笔者水平有限,缺点和错误在所难免,诚恳希望广大读者指点。

编著者

目 录

第一章 板栗周年管理的基本知识 (1)
一、板栗各器官及周年发育特性 (1)
（一）种子 (1)
（二）根系 (2)
（三）芽 (4)
（四）枝 (5)
（五）花 (7)
（六）果实 (8)
（七）叶片 (9)
二、板栗周年生长主要物候期 (10)
三、板栗的生态适应性 (10)
（一）温度 (10)
（二）雨量 (11)
（三）光照 (11)
（四）风 (12)
（五）土壤 (12)
四、板栗生长发育过程的特点 (12)
五、板栗生态种群的划分 (13)
（一）华北品种群 (13)
（二）西北品种群 (14)
（三）长江中下游品种群 (14)
（四）西南品种群 (14)

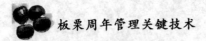

(五)东南品种群 …………………………………………(15)
(六)东北品种群 …………………………………………(15)
六、板栗良种的标准 …………………………………………(15)
(一)良种栗树标准 ………………………………………(15)
(二)良种果实标准 ………………………………………(17)
(三)欧洲栗选种标准 ……………………………………(18)
七、板栗发展趋势、问题及对策 ……………………………(18)
(一)推行科学管理,实现板栗生产良种化 ……………(18)
(二)加大投入力度,提高板栗生产科技含量 …………(19)
(三)树立名牌战略,建立健全市场体系,加快板栗产业化进程 ……………………………………………………(20)
(四)加强领导,进一步提高对板栗生产的认识 ………(20)

第二章 板栗优良品种 …………………………………(21)
一、北方栗优良品种 …………………………………………(21)
(一)镇安一号 ……………………………………………(21)
(二)柞板11号 ……………………………………………(21)
(三)柞板14号 ……………………………………………(22)
(四)长安明拣栗 …………………………………………(22)
(五)宝鸡大社栗 …………………………………………(22)
(六)安栗一号 ……………………………………………(22)
(七)安栗二号 ……………………………………………(23)
(八)燕昌栗 ………………………………………………(23)
(九)燕丰栗 ………………………………………………(24)
(十)燕山魁栗 ……………………………………………(24)
(十一)燕山短枝 …………………………………………(25)
(十二)莱西大板栗 ………………………………………(25)

（十三）沂蒙短枝 …………………………………… (26)
（十四）矮丰 ……………………………………… (27)
（十五）泰栗1号 ………………………………… (27)
（十六）红1号 …………………………………… (28)
（十七）泰安薄壳 ………………………………… (29)
（十八）烟丰 ……………………………………… (29)
（十九）蒙山魁栗 ………………………………… (30)
（二十）华丰板栗 ………………………………… (30)
（二十一）华光 …………………………………… (31)
（二十二）郯城207 ……………………………… (31)
（二十三）金丰 …………………………………… (32)
（二十四）石丰 …………………………………… (32)
（二十五）上丰 …………………………………… (33)

二、南方栗优良品种 ………………………………… (33)
　（一）安徽大红袍 ………………………………… (33)
　（二）粘底板 ……………………………………… (34)
　（三）安徽处暑红 ………………………………… (34)
　（四）节节红 ……………………………………… (35)
　（五）九家种 ……………………………………… (35)
　（六）大底青 ……………………………………… (36)
　（七）薄壳油栗 …………………………………… (36)
　（八）青皮软刺 …………………………………… (36)
　（九）短毛焦刺 …………………………………… (37)
　（十）江苏处暑红 ………………………………… (37)
　（十一）上虞魁栗 ………………………………… (38)
　（十二）毛板红 …………………………………… (38)

(十三)浙903号 …………………………………… (39)
(十四)永荆3号 …………………………………… (39)
(十五)双季板栗 …………………………………… (40)
(十六)它栗 ………………………………………… (40)
(十七)靖州大油栗 ………………………………… (41)
(十八)大果中迟栗 ………………………………… (41)
(十九)湖北大红袍 ………………………………… (42)
(二十)薄壳大油栗 ………………………………… (42)
(二十一)浅刺大板栗 ……………………………… (43)
(二十二)罗田早熟栗 ……………………………… (43)
(二十三)桂花香 …………………………………… (43)
(二十四)农大1号 ………………………………… (44)
(二十五)中果红油栗 ……………………………… (44)

三、丹东栗与日本栗优良品种………………………… (45)
(一)优系9602 …………………………………… (45)
(二)沙早一号 ……………………………………… (45)
(三)辽栗23号 …………………………………… (46)
(四)辽栗15号 …………………………………… (46)
(五)辽栗10号 …………………………………… (46)
(六)丹泽 …………………………………………… (47)
(七)岳王 …………………………………………… (47)
(八)土60号 ……………………………………… (47)
(九)筑波 …………………………………………… (48)
(十)银寄 …………………………………………… (48)
(十一)利平栗 ……………………………………… (49)

四、优良板栗砧木……………………………………… (49)

目 录

第三章 萌芽期至开花期的管理 …………………………… (51)
- 一、疏花、疏芽、摘心与提高坐果率 …………………… (51)
  - (一)疏芽 ………………………………………………… (51)
  - (二)幼树摘心 …………………………………………… (52)
  - (三)疏雄花 ……………………………………………… (53)
  - (四)果前梢摘心 ………………………………………… (54)
- 二、板栗肥水管理 …………………………………………… (54)
- 三、果园生草 ………………………………………………… (55)
- 四、板栗春季高接换头 ……………………………………… (58)
  - (一)接穗准备 …………………………………………… (58)
  - (二)嫁接部位 …………………………………………… (58)
  - (三)嫁接方法 …………………………………………… (59)
  - (四)嫁接后管理 ………………………………………… (59)

第四章 坐果后的管理 …………………………………………… (61)
- 一、夏季追肥 ………………………………………………… (61)
- 二、叶面喷肥 ………………………………………………… (62)
- 三、板栗病虫害综合防治方法 ……………………………… (63)
  - (一)农业防治技术 ……………………………………… (63)
  - (二)生物防治技术 ……………………………………… (64)
  - (三)物理防治技术 ……………………………………… (64)
  - (四)植物检疫 …………………………………………… (64)
- 四、营养元素对板栗的作用 ………………………………… (65)
  - (一)氮 …………………………………………………… (65)
  - (二)磷 …………………………………………………… (65)
  - (三)钾 …………………………………………………… (66)
- 五、施肥与浇水 ……………………………………………… (66)

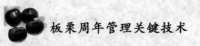

六、山坡丘陵地带节水技术 …………………………… (67)
　(一)滴灌 ……………………………………………… (67)
　(二)渗灌 ……………………………………………… (68)
　(三)果园灌溉新技术 ………………………………… (68)
七、果实膨大期管理 …………………………………… (69)

第五章　果实成熟前的管理 …………………………… (70)

一、科学浇水 …………………………………………… (70)
二、水土保持与整地改土 ……………………………… (71)
　(一)酸性土的改良 …………………………………… (71)
　(二)盐碱土的改良 …………………………………… (72)
　(三)沙、黏土的改良 ………………………………… (72)
三、中耕除草 …………………………………………… (73)
四、板栗对其他元素的需要 …………………………… (73)
五、板栗施肥量的确定 ………………………………… (74)
六、板栗的施肥方法 …………………………………… (75)
七、病虫害防治 ………………………………………… (77)
　(一)剪枝象 …………………………………………… (77)
　(二)桃蛀螟 …………………………………………… (78)
　(三)栗瘿蜂 …………………………………………… (79)
　(四)栗黑小卷蛾 ……………………………………… (81)
　(五)栗皮夜蛾 ………………………………………… (83)
　(六)栎粉舟蛾 ………………………………………… (84)

第六章　采收、分级及包装 …………………………… (87)

一、板栗采收 …………………………………………… (87)
　(一)采收期的确定 …………………………………… (87)
　(二)采收方法 ………………………………………… (87)

(三)不科学采收方法及其危害 ………………………… (88)
二、板栗分级与处理 …………………………………………… (89)
　　(一)采收后处理 ………………………………………… (90)
　　(二)贮前处理 …………………………………………… (91)
　　(三)防虫处理 …………………………………………… (91)
　　(四)防腐处理 …………………………………………… (92)
　　(五)保湿处理 …………………………………………… (92)
　　(六)防止发芽处理 ……………………………………… (92)
三、板栗包装与标识 …………………………………………… (93)
　　(一)包装 ………………………………………………… (93)
　　(二)包装标志 …………………………………………… (95)
四、板栗运输 …………………………………………………… (95)
　　(一)影响板栗贮运保鲜的主要因素 …………………… (95)
　　(二)保鲜运输的目标 …………………………………… (96)
五、板栗贮藏 …………………………………………………… (96)
　　(一)贮藏的适宜条件 …………………………………… (96)
　　(二)贮藏中的常见病虫害 ……………………………… (97)
　　(三)常见的贮藏方法 …………………………………… (97)

第七章　果实采收后至落叶前的管理 ……………………… (101)
一、后期病虫害的防治 ………………………………………… (101)
　　(一)大袋蛾 ……………………………………………… (101)
　　(二)水青蛾 ……………………………………………… (102)
　　(三)栗大蚜 ……………………………………………… (103)
　　(四)栗红蜘蛛 …………………………………………… (105)
　　(五)栗黄枯叶蛾 ………………………………………… (106)
二、土壤管理 …………………………………………………… (106)

第八章 休眠期(落叶后至翌年萌芽前)管理 …………… (110)
  一、冬季修剪 ………………………………………………… (110)
    (一)整形修剪的好处、依据和原则 ………………… (110)
    (二)适宜的树形 …………………………………………… (114)
    (三)不同类型的标准化修剪 ……………………………… (117)
  二、病虫害防治 ……………………………………………… (123)
    (一)云斑天牛 ……………………………………………… (123)
    (二)栗实象 ………………………………………………… (124)
    (三)胴枯病(杆枯病、板栗疫) …………………………… (126)
    (四)板栗白粉病 …………………………………………… (128)
    (五)板栗叶斑病 …………………………………………… (129)
    (六)栗实霉烂病 …………………………………………… (129)
  三、板栗整形修剪操作技术及注意事项 ………………… (130)
    (一)板栗整形修剪操作技术 ……………………………… (130)
    (二)整形修剪注意事项 …………………………………… (131)
附录 板栗丰产栽培周年管理工作历 ……………………… (132)
参考文献 …………………………………………………………… (135)

第一章 板栗周年管理的基本知识

一、板栗各器官及周年发育特性

(一) 种 子

种子即是栗子,外层为最坚硬的果皮,故称"坚果"。果皮内还有一层种皮,也称涩皮。涩皮对种子的发芽起抑制作用,对种子起保护作用。去掉涩皮的种子极易腐烂,故欲提早出芽,只需去胚部的涩皮即可,正常情况下,随着层积时间的不断延伸,其涩皮的抑制作用逐渐减弱。作为种子用的栗子在贮藏期不能失水过多,当重量失去25%时就严重影响发芽。

发芽率是在最适宜种子发芽的条件下和规定的期限内,正常发芽的种子数占供试种子的百分比。温度对种子的萌发有很大影响,每一种树的种子都具有最适宜的发芽温度,多数种子发芽的最适温度为20℃~30℃,种子萌发时的最快温度为最适温度,萌发的底限温度称为最低温度,高限温度称为最高温度。板栗发芽的最低温度为8℃~9℃。

种子在最适温度条件下,虽然萌发速度快,但消耗有机物质较多,幼苗生长反而细弱,抗性差,因此种子萌发的温度应稍低于最适温度。

种子萌发过程中不仅需要适量的水分和适宜的温度,而且还需要氧气,种子萌发时,内部进行着旺盛的呼吸作用,以提供物质转化时需要的能量。如果没有氧气,呼吸作用就不能正常进行。

种子萌发时,先是膨胀吸水,种皮破裂,水分进入种子内部后,酶的活性增强,使种子内部贮藏的淀粉、蛋白质、脂肪等不溶性有机物转化成可溶性有机物,以便于胚生长时吸收利用。胚吸收营养物质,生命活动加速,突破种皮,发育成幼小植株。种子发芽时,胚根先开始生长,到一定程度时,胚上部开始生长。

板栗过去多用种子实生繁殖,进入结果晚期,近10年来各地多数已改用嫁接繁殖,优点是可以保持品种的优良性,提早结果。陕西省在苗木繁殖时多用本砧,嫁接后生长旺盛,根系发育良好,较耐干旱和瘠薄。

栗果成熟晚期,选丰产、稳产、出实率高、结果早、品质好、抗旱性强的成年树做采种母株。选充分成熟、大小整齐、无病虫害果子作种子。栗果怕干、怕湿、怕热、怕冻。所以栗果采收后,用作种子的,必须立即进行沙藏,当沙藏的种子发芽率达到50%以上时,进行播种。

(二)根　系

根系是果树的重要器官,根系发育好坏对地上部分生长结果有重要的影响。果树的根系由主根、侧根和须根所组成。主根由种子胚根发育而成,在它上面产生的各级较粗大的分枝,统称侧根。在侧根上形成的细根系为须根。

根的功能以往大多数认为是起机械固定、吸收水分和矿物质养分及少量有机物质,以及贮藏养分的作用。近20年的科学进展证明,根在植物的生命活动中的作用远远超出上述理解。根不仅是一个吸收器官,实验证明它可以从土壤中吸收铵盐、酰胺等,它还有合成多种有机物质的能力。根部还能合成一些有机磷化物,如核酸、核苷酸、磷脂等,由于根系能合成这样许多重要物质,因此根系在植物生活中有着重要地位。

一、板栗各器官及周年发育特性

根系还能分泌各种酶,使土壤中各种复杂的有机物分解成简单的有机物,为根系直接吸收利用。

板栗树的根在吸收区域与真菌共生称为菌根。菌根有外生菌根和内生菌根2种形态。果树的菌根是外生菌根,在根的末端包被着一层白茸毛状菌丝体,称为菌帽。菌根能在土壤含水量低于凋萎系数时从土壤中吸收水分,吸水力比任何果树根系的吸收能力都强,所以能改善果树的水分状况。菌根能分解腐殖质,增强树体对矿物质的吸收,还能分泌并供给树体激素和酶,促进根的功能并活化树体内部生理功能。

在年生长周期中,土壤管理也要根据根系生长特点进行。在早春由于气温低、根系处于刚刚恢复生长阶段,此时应及时松土,迅速提高地温,促进根系生长。夏季气温高,蒸发量大,同时果树生长又处于最旺盛阶段,在高温干旱季节,松土、灌溉、地面覆盖是保持根系正常活动的重要措施。进入秋季发生的吸收根往往比春季还多,而且抗性强,寿命长,其中一部分可继续吸收水分和养分,还能将吸收的物质转变成有机化合物贮藏起来,起着提高果树抗寒力的作用,并且可以满足果树开发结实的需要。因此在秋季进行深耕,并增施有机肥,对根系的生长有着极其重要的作用。

板栗的根系较深,侧根也比较发达,抗旱能力较强,在土层较深厚的地方,板栗的垂直根系可达1.5米,但以20~60厘米的土层根系最多。板栗的水平根系分布也很远,据河北省农林科学院石家庄果树研究所观察12年生的栗树,水平根分布在距主干50~250厘米的范围最为集中,但以树冠边缘的密度最大。

板栗根系切断后,愈合和再生能力很弱,伤根需要比较长的时间才能发生新根,且苗龄越大,发根越晚。因此,在苗木出圃和进行栗园田间管理时,不能伤根过多,以免影响成活率。

(三)芽

板栗的芽有花芽、叶芽和隐芽(潜伏芽)3种(图1-1)。

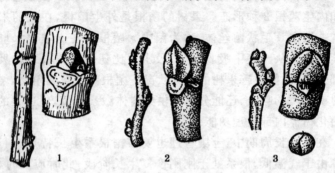

图1-1 板栗的芽
1. 隐芽 2. 叶芽 3. 花芽

1. 花芽 又称大芽或混合芽,着生在枝条的上端,芽体肥大、饱满,扁圆形或短三角形,萌发成结果枝或雄花枝。一般在比较粗壮的枝条上的花芽,可以形成结果枝和雄花枝2种。而生长在较弱枝条上的只能形成雄花枝。着生混合花芽的节不具叶芽,因此,花序脱落后形成盲节,不能抽枝。

栗、杏、梅、柿的枝条顶端自然枯死,以侧芽代替顶芽位置,称为伪顶芽或假芽。有些品种盲节下的芽子也能成为花芽,这种基部结果的特性,有利于防止结果部位的外移。

2. 叶芽 幼旺树着生在往生枝条的顶部及中下部,进入结果期的树,多数着生在枝条的中下部,芽体小,芽顶尖,毛茸较多,萌发后抽生发育枝和纤细枝。

3. 隐芽 一般着生在枝条的基部或多年生枝及树干上,芽体极小,一般不萌发呈休眠状态,寿命长,遇刺激时,则萌发抽生徒长枝,有利于大枝更新。

一、板栗各器官及周年发育特性

芽在枝条上排序方式也称叶序。板栗的叶序有2种：一种为1/2叶序，就是芽整齐地排列在枝条两侧，在一个平面上。另一种是2/5叶序，芽呈螺旋状排列，第一个芽和第五个芽方向相同，即二轮中有5个芽，其中2个芽在同一侧。芽的排列不同，抽出新梢的方向也不同，因此在修剪时必须注意芽的位置和方向。

完全混合花芽中雄花序在冬季休眠期前基本分化结束，而雌花簇的分化一般认为在春季芽萌动时开始。

春季抹去结果母枝下部的芽，除去刚长出的雄花和剪去对果枝的尾枝等措施来减少营养物质的消耗，会引起雌花簇的增加。加强上一年树的营养生长，秋施基肥等提高树体营养贮存水平，以及萌芽前后增施速效氮肥，增加营养，或进行修剪，减少养分的消耗等，都是提高雌花量的有效方法。

(四)枝

板栗的枝条可分为发育枝、结果枝、结果母枝和雄花枝4种。

1. 发育枝 由1年生枝上的叶芽或成年树中年龄较小的多年生枝上的隐芽萌发而成，全枝没有花序着生。发育枝是形成树冠骨架的主要枝条。根据枝条生长势的不同，可分为徒长枝、普通发育枝和细弱枝（图1-2）。

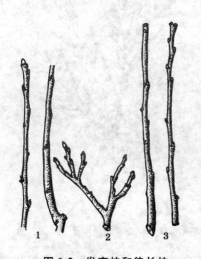

图1-2 发育枝和徒长枝
1. 普通发育枝 2. 细弱枝 3. 徒长枝

(1)徒长枝 由枝上的潜伏芽萌发而成。一般都

第一章 板栗周年管理的基本知识

着生在主干或靠近主干的骨干枝上,生长旺,节间长,生长不充实,年生长量一般多为50～100厘米,通过合理修剪,可形成结果母枝。

(2)普通发育枝 由叶芽萌发而成,年生长量20～40厘米,生长健壮,是扩大树冠的主要枝条,生长充实,健壮的发育枝易转化成结果母枝(河北群众叫棒槌码),翌年抽梢开花结果。

(3)细弱枝 由枝条基部的叶芽萌发而成,生长较弱(又叫鸡爪码、鱼刺码),长度在10厘米以下,不能形成混合芽,或只能发生雄雌花枝,徒然消耗养分。

2. 结果母枝 着生完全混合芽的1年生枝叫结果母枝,是由生长健壮的发育枝和结果枝转化而来,此外,雄花枝叶也有形成结果母枝的(图1-3)。

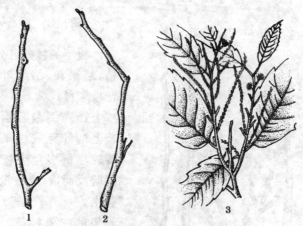

图1-3 结果母枝
1. 强结果母枝 2. 弱结果母枝 3. 更新结果母枝

强壮的结果母枝(棒槌码)长度在15厘米以上,生长粗壮,有较长的尾枝,上有3～5个花芽,翌年萌发抽生1～3个结果枝,结

一、板栗各器官及周年发育特性

实能力最强,翌年能继续抽生结果枝;弱结果枝(香头码)长度不能长至15厘米,生长细而弱,尾枝短,仅着生1～2个较小的完全混合芽,翌年抽生结果枝较少,结实力差,一般不能连续结果,使结果部位外移;更新结果母枝(替码),有的结果母枝没有尾枝,翌年由枝条下部的芽抽生结果枝及雄花枝,而母枝的上部自然干枯。有时只是局部现象,有时出现在整株上,可能由于结果枝生长过程中肥水不足,结果后,不能形成尾枝。

3. 结果枝 着生在1年生枝条的先端,由花芽发育而成。全枝分为4段。基部数节着生叶片,落叶后在叶腋间留下几个小芽。中部10节左右着生雄花序,这些节上的雄花序脱落后就成为空节,不能再形成芽。雄花节前端1～3节着生混合花序,果实采收后,这些节上留下果柄的痕迹(称果痕或果台),没有芽。在混合花序前端又有尾枝,尾枝的叶腋间都有芽,芽的数量与结果枝的强弱有关。

结果枝的长度可分为长(20厘米以上)、中(15～20厘米)、短(15厘米以下)3种,结果枝的长度与品种特性有密切关系,处暑红、青扎等属于长枝类型,明拣属于中枝类型,九家种、毛板红等属于短枝类型。

4. 雄花枝 由分化较差的混合芽形成,大多比较细弱,枝条上只有雄花序和叶片,不结果。一般情况下,当年也不能形成结果母枝。在管理较好、营养充足时,15～30厘米长的雄花枝有可能转化为结果母枝。

(五)花

1. 雄花 雄花序为柔荑花序,其数量因品种或枝条类型不同,增施钾肥以及秋季干旱能够减少雄花序的数量,通过一定的管理技术同样也可以减少雄花序的数量。

每个雄花序有小花600～900朵,每3～9朵小花组成一簇,花序自下而上,每簇中的小花数逐渐减少。雄雌花比例一般为2 000~3 000∶1,雄雌花序之比一般为5∶1。

雄花序在枝上的开花顺序是自下而上,小花在花序上的开花顺序也是自下而上。成熟花序散粉时间为9~12时,因此采粉应在散粉之前进行。据资料报道,板栗花粉传播的距离范围最大为300米,以50米内花粉最多。

板栗是花粉直感作用比较明显的树种,父本花粉对果肉色泽、风味、坚果大小以及涩皮剥离难易等方面都有比较显著的直感效应。因此,通过授粉品种的选择,可起到改善品质的作用。

2. 雌花 每一雌花序有3朵雌花,聚生在一个总苞内,在正常情况下,经授粉受精后,发育成3个坚果。

雌花没有花瓣,开花的过程可分为5个阶段:雌花出现、柱头出现、柱头分叉、柱头开展、柱头反卷。整个过程需20~30天。但是从柱头分叉至柱头展开,这段时间柱头茸毛分泌黏液大约15天,这是授粉的主要时间,这也是板栗进行人工授粉的最佳时间。

板栗一般异花授粉比自花授粉结实率高,各品种对不同花粉的亲和性有明显的差异,在建园时必须做好授粉树的搭配才能获得丰产。

(六) 果 实

板栗的果实具有坚硬木质化的果皮,在植物学上称为"坚果"。果皮内侧着生茸毛。种(涩)皮薄,少具茸毛,剥离容易。果肉由两枚肥大的子叶和幼小的胚构成,富含淀粉,是提供萌发和幼苗初期生长的贮藏物质,也是人们的食用部分。

板栗果实由果顶、果肩、胴部(包括果背和果腹)及底座4部分组成。果顶处有一小孔,是胚根、胚芽与外界发生联系的通道。底座在果实基部,果实发育期间通过底座吸收养分,果肩于果顶之下。果肩与底座之间称为胴部,其背面称果背,腹面称果腹。

一、板栗各器官及周年发育特性

板栗果实外面包有一个带刺的外壳,称为总苞、壳斗或球苞。我国北方称为栗蓬,南方称为栗蒲。总苞有保护果实的作用。球果为坚果和球苞的总称。

蓬皮厚薄及蓬刺的稀密,蓬刺的长短、颜色、硬度以及着生的角度是品种识别的重要特点之一。栗蓬是含有叶绿素可进行光合作用的器官,是栗实的营养转给体。蓬皮厚度关系到出实率的高低,栽培条件对蓬皮的厚度有一定的影响。秋季雨水多时蓬皮薄,栗实大;秋季干旱,蓬皮厚;栗实小。1个蓬中通常可结3个栗实,2个边栗,1个中栗。

(七)叶 片

叶片是进行光合作用、制造有机养分的主要器官,植物体内90%(左右)的干物质是由叶片合成的。叶片的活动是果树生长发育形成产量的物质基础。叶和叶幕的形成对于板栗高产、稳产有着极其重要的作用。

板栗为单叶,每节除1片叶片外,还着生2片托叶,一般叶片长19~20厘米、宽7~9厘米,为椭圆形或长椭圆形。基部圆形,先端渐尖,叶缘呈锯齿状,表面叶色深绿,背面散生星状毛,叶灰绿色,叶片大小、形状因品种不同有一定变化。

板栗的叶片根据生长部位和动态状况可分为3段,即下部叶(盲节以下的叶)、中部叶(盲节段的叶)和上部叶(尾枝叶)。

下部叶占总面积的22%,一年内有2次生长高峰。中部叶占40%,最早展叶的要比下部晚5天左右,展叶期可相差近1个月,中部的叶片面积比下部叶和上部叶小。上部叶,自下而上各叶的展叶期差3~5天,使高峰期也有规律地顺延;最早展叶期要比中部叶晚10天左右,比下部叶晚15天左右。

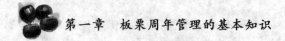

第一章　板栗周年管理的基本知识

二、板栗周年生长主要物候期

板栗生长发育的物候期因品种和生长地理位置不同有一定的差异。镇安大板栗4月上旬芽开始膨大,4月中旬芽萌发,4月下旬展叶,5月份新梢伸长,6月上旬开花授粉,7～9月份果实生长发育,9月中旬采收,10月中旬落叶,生育期约160天。处暑红4月20日进入萌芽期,5月上旬基叶展开,6月20日雌花进入盛花期,9月19日果实成熟,11月上旬落叶,生育天数约152天。

4～6月份这一阶段为营养消耗期,上年生长期贮存于树体内的营养,随着春天芽子的萌发、抽枝、长叶、开花消耗而减少,特别是大量的雄花开放,对于营养物质的消耗很大。从6月下旬至9月中旬是果实生长发育期,叶片的光合作用基本能满足果实生长的需要,树体基本处于平衡状态,如果结实量过大则营养消耗大于积累,翌年易形成大小年现象。从9月中旬采果至落叶休眠,是营养物质的积累期,这一阶段应保护好叶片增施早施有机肥,为翌年丰产打好基础。

三、板栗的生态适应性

板栗对气候、土壤条件的适应范围广,但是我国亚热带生长的板栗果实较差,北方过于寒冷的地区及西北干旱地区也不易生长。板栗对土壤的酸碱度反应最为敏感。因此在发展板栗时,必须考虑气候、土壤等条件。

(一)温　度

板栗在年平均温度10.5℃～21.9℃的地方,都能正常生长和结果。北方板栗产区主要在河北、北京、山东、辽宁等地,年平均温度

三、板栗的生态适应性

9.5℃～10℃,生育期平均温度 19℃～22℃,1 月份平均温度约 —10℃。该地区气候冷凉,昼夜温差大,日照充足,栗实含糖量高,风味香甜,品质优良,是我国外贸出口的主要基地。南方品种群栗耐湿耐热,其主产区在湖北、安徽、浙江等地,每年平均温度15℃～17℃,生育期平均温度 22℃～24℃,最低温度在 0℃左右,该地区气温高,生长期长,板栗树势旺,栗果个大,产量高,但品质不如北方栗。

(二) 雨　量

板栗属暖温带果实,喜欢暖湿。我国板栗的经济产区南缘为广西百色、玉林等地区,年降雨量在 1 200～1 900 毫米。经济栽培区的北缘为河北省的兴隆、宽城年降雨量为 400～700 毫米。南北直线跨度为 2 000 千米,从南北产区的分布可看出,栗对湿暖和旱寒的适应范围相当广,但对旱、寒又有相当的耐受力。南方栗产区生长期多雨,能促进栗树生长和结实,但雨量过多,光照不足,常引起光合产物减少,品质下降。此外,花期阴雨连绵,妨碍授粉,空苞或独果增多。我国北方栗主要产区,年降雨量多在 500～900 毫米,板栗一般生长良好,由于产区多在山区,容易受干旱的影响,群众有"旱枣涝栗"之说,雨水较好的年份产量比较高。河北栗几个主产区,如迁西、遵化等地处于渤海气流的迎风坡面,雨量充沛,为板栗丰产创造了一定的条件。

(三) 光　照

板栗为喜光的阳性树种,生长发育需充足的光照条件。生长在沟谷的板栗往往结实不好,成片的栗园边缘植株结实好,正说明了这一道理。板栗密植园往往郁闭后,透风透光不良,产量急剧下降,结果部位外移,内膛枝枯死比较严重,间伐后产量开始回升。因此,在板栗建园时,应选择地势比较开阔的地带,海拔超过1 000米时,应选择阳坡比较适宜。

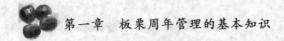

(四) 风

栗树虽为风媒传粉方式，但花粉容易结球，还容易遇水膨胀，实际上飞翔距离就更小。因此，花期微风有利于授粉，但强风使空气干燥，花期缩短，授粉受精不良。

(五) 土　壤

板栗对土壤条件要求不严，但忌黏重、板结的土壤，最理想的是沙石山地的褐色轻壤土，有机质丰富，质地疏松，透气性好，有利于共生菌根的发育。

板栗对土壤酸碱度的适应范围为 pH 4～7，最适宜 pH 5～6 的微酸性土壤，栗树适应于酸性土壤的主要原因是能满足板栗树对锰和钙的需要，板栗是高锰植物，叶片中锰的含量高达 0.2% 以上，明显地超过其他果树。当 pH 高时锰呈不可吸收状态，叶片锰含量将低于 0.2%，叶片失绿，代谢功能紊乱，影响结实。山区石灰岩风化后形成的土壤，一般为碱性，不适于板栗栽培；而花岗岩、片麻岩形成的土壤为微酸性，适宜于板栗的生长。

四、板栗生长发育过程的特点

栗子雌花包含在总苞中的 3 个子房，于受精后发育成栗棚与果实，总苞成为带刺的棚皮。子房成为栗果（实），果仁是无胚乳种子，食用部分是肥厚的子叶和胚，含有大量淀粉，果实的果皮下部位紧接着棚部，称为座。由树叶形成的养分和自根部吸收的营养、水分，都通过主干、枝、棚梗、座部的维管束供给果仁。因此，它们担负着重要的作用。

板栗的授粉期在 6 月上旬至 6 月下旬，历时 20 天左右。受精期在 6 月下旬至 7 月初。花粉（雄配子体）要在胚珠中停留 15～

20天,待雌配子体发育成熟后才能完成受精,受精后形成合子和初生胚乳核,幼胚出现于7月上旬,有绿豆粒大小,薄而透明。7月底以后,子叶才开始明显增重,至9月中旬胚发育完全,胚乳吸收完毕。在山东东南地区,一般板栗品种的幼果期以9月中旬为界。果实中的干物质的积累主要在最后1个月,尤其是采收前2周增重最快速。据观察,石丰品种采收前1个月果实所增重量占果实总重量的74.7%。其中,采收前10天果实的增重量占果实总重量的50.7%,平均每天增重0.49克。故充分成熟再采收,对提高产量和质量具有十分重要的作用。

五、板栗生态种群的划分

(一)华北品种群

主要分布于河北、北京、天津、山东及苏北、豫北等地,是我国板栗的集中产区,产量占全国产量的40%以上。集中产区有燕山山脉的河北省迁西县、遵化市、兴隆县等,北京市的怀柔、密云等地。燕山栗产区是著名的炒食栗产区。此外,还有河北省太行山区的邢台、左权;山东鲁中丘陵和胶东地区;河南省的新县、光山、信仰、商城、桐柏等大别山与桐柏山区,洛阳伏牛山区等。此品种群的主要特点是实生树较多,树体间变异大。品种多为小果型,坚果重10克左右。小果品种占79%。栗果含糖量高,淀粉糯性,果皮富有光泽,品质优良,适宜糖炒。主要品种有燕山红栗、东陵明珠、北峪2号、燕山短枝等。

华北品种群所在地区为华北平原南温带半湿润气候栽培区,属南温带半湿润气候,年平均温度11℃~14℃,年降水量550~690毫米。气候特点为冬冷夏暖,半湿润,春旱严重。

第一章 板栗周年管理的基本知识

(二)西北品种群

西北品种群品种主要分布于山西、陕西以及甘南、鄂西北和豫西等地区。属黄土高原南温带半湿润、半干旱气候板栗栽培区。板栗品种主要有镇安大板栗、柞板11号、明拣栗、寸栗等。该区域属南温带半干旱或北亚热带湿润气候,气候具有过渡性。年平均温度10℃～14℃,≥10℃年活动积温3 500℃～4 500℃,年降水量500～900毫米。该区域气候特点是冬冷夏热,半湿润或干旱、多秋雨。

(三)长江中下游品种群

长江流域品种主要分布于湖北、安徽、江苏、浙江等长江中下游一带,属长江中下游平原板栗栽培区。该区是我国板栗的主产区之一,产量占全国产量的1/3左右。集中产区有湖北省罗田一带,秭归等沿江地带;安徽皖南山区和大别山;江苏省宜兴、溧阳、洞庭、南京、吴县等地;浙江省西北产区包括长兴、安吉、桐庐、富阳、上虞、绍兴、萧山、诸暨、金华、兰溪等地。除板栗外,还有锥栗、茅栗。长江流域的主要品种有处暑红、九家种、焦扎、青扎、大红袍、浅刺大板栗、大底青等。品种群的主要特点是嫁接栽培早,品种数量多,大果型品种占50%以上,平均单粒重15.1克,最大粒重可近30克。品种含糖量低于华北品种群,淀粉含量高,偏粳性。长江中下游板栗产区气候属北亚热带和中亚热带湿润气候区,年平均温度15℃～17℃,年降水量1 000～1 600毫米。该区总的气候特点是夏季炎热,冬季较冷,雨水充沛,开花期多雨,伏旱较重。

(四)西南品种群

西南品种群主要分布于云南、贵州、四川、重庆及湘西、桂西北等地。属云贵高原亚热带湿润气候板栗栽培区。除板栗外,还有锥栗、茅栗。板栗品种主要有贵州平顶大红栗,云南品种云腰、云早等。该品种实生板栗较多,自然变异大。坚果多小型,果实含糖量低,淀粉含量高。该品种群的生态区域冬暖夏凉,日照偏少,多秋雨。

(五)东南品种群

东南品种群主要分布于广东、广西、海南、闽南、赣南和湘东等省(自治区)。栽培管理较为粗放,品种有中果红皮栗、中果黄皮栗、它栗、韶栗19号等。果实多中等大小,含糖量低,淀粉含量高。该区属东南沿海丘陵亚热带湿润气候板栗栽培区。年平均温度高,降水量大。气候特点是冬暖夏热,雨量充沛。该地区除板栗外,在福建省建阳、建瓯等地分布有大量锥栗,品种有白露仔、麦塞仔、黄榛等。

(六)东北品种群

东北品种群属东北平原中温带湿润、半湿润气候板栗栽培区。主要分布在辽宁、吉林,是我国最北的产区。该品种群主要以日本栗系统的丹东栗为主,炒食品质差,以加工为主。主要品种有丹东栗、金华栗、银叶、方座、近和等。该区的特点是冬冷夏温,半湿润。

由于板栗生长区域的气候不同,所生产的板栗在大小、果皮颜色、含糖量、淀粉含量与糯性等方面差异较大。总体而言,除东北区域的日本栗外,北方板栗含糖量高,淀粉糯性大,适宜炒食;南方栗果实较大,含糖量较低,淀粉含量高,淀粉糊化温度高,淀粉偏粳性,适宜菜用或加工。

六、板栗良种的标准

(一)良种栗树标准

栗树不稳产是各地栗树生产普遍而比较突出的问题,在实生

第一章 板栗周年管理的基本知识

繁殖的产区尤为严重。其原因除栽培管理粗放外,主要是品种丰产稳产性较差,植株个体间差异大,低产树比率高。因此,一个高产稳产品种,应具备若干优良的形状和特性,这些性状和特性应包括以下几个方面。

1. 结果枝抽生率高 栗树丰产的重要因素是能够形成大量发育健壮的结果枝,这些新梢能产生大量的混合芽,翌年再抽生结果枝或抽生比较健壮的新梢成为翌年的结果母枝。要求每一个结果母枝,平均抽生 4 个以上健壮新梢,其中结果枝不少于 50%。

2. 雌花比例高或雄花序退化、脱落 一般栗树的雌雄花比例高达 1∶1 000 以上,实际上并不需要这么大量的雄花,而且还易消耗树体养分。因此,雌花比例高、雄花序退化或早期脱落是一个丰产性状。如山东品种无花栗就属于雄花序早期退化的类型。除要求雌花比例高外,还要求每一结果枝上的混合花序不少于 2 个,并有 4 个以上发育的总苞(栗蓬、栗蒲、球果)。

3. 每苞果数多 总苞内果实数量是影响丰产的重要因素之一。三果苞比率高是丰产性状;反之,单果苞特别是空苞多,就会降低产量。有的实生栗树栗苞累累,但几乎都是空苞,即所谓的"公树"或"哑子树"。要求每个总苞内平均果数达 2.5 粒以上。

4. 出实率高 即坚果占整个总苞重的百分率。通常总苞大而苞壳薄、坚果多或坚果重,出实率就高。要求总苞针刺短而稀,出实率 45% 以上。

5. 早果性明显 早实丰产是良种的标志之一。不同的品质在相同的环境条件下,早果性和产量相差悬殊。栗树早实丰产性与某些形态特征有一定的相关性。凡幼树营养生长势过强、主枝分生角度小、母枝抽生新枝树梢、果实成熟晚、早果性差的品种早实丰产性较差。要求高产栗树进入结果期早,并且具有早期丰产的特性,5 年生幼树即可达到每公顷产量 3 750 千克。

6. 稳产性好 栗树的稳产性主要取决于结果枝连续结果能

六、板栗良种的标准

力的强弱。稳产品种多数结果枝能在结果的同时发育比较充实饱满的混合芽,翌年连续抽生结果枝结果。通常用连续结果3年以上的结果母枝占比例多少来测定品种的稳产性。要求连续结果3年以上的母枝不低于50%。

7. 抗病虫能力强 我国栽培的板栗,从它的广泛分布可知是一个适应性和抗逆性极强的树种,但在板栗抗病和抗栗瘿蜂上,品种间及实生单株间有显著差异。要求树体有良好的抗病虫能力。

(二)良种果实标准

板栗主要产区集中在黄河流域的华北、西北地区及长江流域各省,以上产区的产量占全国板栗总产的70%以上,以此构成以这些产区为代表的北方栗和南方栗。由于不同区域栗果地特点不同、用途不同,所以对坚果的品质要求也有所不同。

1. 果实大小及外观

(1)北方栗 多为小果型,适于炒食。要求果实大小适中、均匀整齐,每千克90~130粒,色泽鲜艳,茸毛少,果皮富有光泽。

(2)南方栗 大果型较多,适于菜用或粮用。要求果实较大、均匀,每千克不多于90粒。

2. 涩皮剥离难易 要求栗果经加热处理,涩皮容易剥离。

3. 可食率 栗果包括果壳、涩皮和种仁。由于品种类型间果壳和涩皮厚度不同,果实可食部分比率也有差异。要求栗果壳、涩皮薄,可食率达95%以上,种仁饱满。

4. 养分含量

(1)淀粉 一般菜用及粮用品种要求淀粉含量不少于60%,炒食品种要求支链淀粉比例高、质地细腻、糯性强。

(2)糖分 种仁中糖分含量与淀粉含量常呈一定的负相关。炒食品种要求糖分含量不低于20%,香甜可口,风味好。

(3)其他营养成分 要求种仁蛋白质含量高,种仁呈橙黄色,

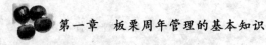

第一章 板栗周年管理的基本知识

胡萝卜素含量高。

(三)欧洲栗选种标准

在品种的选育和改良方面,各国都制定了相应的选种指标,不同的国家和地区,甚至同一个国家的不同地区,选种的指标不同。较为系统的欧洲栗选种指标依据品种的表现进行打分。

1. 结果性能(15分) 高15分,较高10分,中等7分,低4分。
2. 栗数/苞(10分) 2.5~3粒为10分,1.5~2.4粒为6分,1~1.4粒为3分。
3. 对果面的考核指标 主要有果面颜色、光泽、果皮的厚度。
4. 颜色(10分) 栗褐色10分,略暗7分,浅褐4分,暗褐1分。
5. 亮度(5分) 果面亮5分、灰4分,果面有茸毛1分。
6. 厚度(5分) 果皮厚应在0.42~0.61厘米之间。
7. 果重(栗数/千克,15分) 低于55粒为15分,56~65粒计10分,66~95粒计8分,96~100粒计6分。
8. 果肉颜色(10分) 浅奶油色10分,奶油色7分,暗奶油色1分。
9. 内果皮(10分) 涩皮易剥离,涩皮凹入小于1毫米为10分;涩皮较易剥离,涩皮凹入2~3毫米为7分;涩皮难剥离,涩皮凹入深达4毫米以上为1分。
10. 成熟期(10分) 特早熟为10分,早熟7分,中熟5分,晚熟3分,极晚熟1分。
11. 风味(10分) 根据风味好坏依次计为10分、7分、4分和1分。

七、板栗发展趋势、问题及对策

(一)推行科学管理,实现板栗生产良种化

良种壮苗是实现板栗丰产、优质、高效的物理基础。而目前板

七、板栗发展趋势、问题及对策

栗苗木生产杂、乱、假现象比较普遍。

第一,应建立优良品种采穗圃和繁育苗木基地。严格把好种苗、种条质量关,产区每县、乡都应有自己的采穗圃和育苗基地,实行良种良砧。销售苗木应有有关部门签发的质量合格证书和检疫证。把板栗基地建设和良种繁育基地建设结合起来。杜绝杂、乱、假苗出现。栽培品种北方应以镇安一号、柞板11号、柞板14号、寸栗、明拣栗、安栗一号、安栗二号以及引种成功的金丰、上丰等为主,防止盲目发展外来品种。

第二,要扩大抗病虫品种的选育和推广。栗苞刺长在(15~20毫米)而密(1厘米^{2}苞刺在100根以上)、苞梗短的品种对栗实象、雪片象等抗性强,受害轻。因此,应加强选育,扩大栽培。

第三,要注意早、中、晚熟品种合理搭配,延长板栗在市场的供应期,以满足市场需求。不同果型的品种也有不同的市场需求。我国板栗虽然素以品质优良、涩皮易剥离冠称世界,但国外消费除日本以炒食栗为主外,其他欧美国家则习惯于消费大果型栗子。美国大果型栗子售价为6.67美元/千克,而小果型只有2.2美元/千克。

(二)加大投入力度,提高板栗生产科技含量

板栗生产同其他果品生产一样,要依靠科技进步,才能不断提高产品产量和质量,生产出具有市场竞争力的名优产品,并使之持续高效发展。因此,首先,应加大投入,进行良种选育、资源开发利用以及贮藏保鲜新技术和加工新工艺的研究。其次,提高板栗生产中的科技含量。技术推广部门应切实结合生产,推广实用技术,提供信息,开展技术咨询,举办各种形式的培训班,充分发挥技术推广的主力军作用。

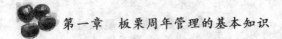

(三)树立名牌战略,建立健全市场体系,加快板栗产业化进程

创名牌是振兴农村经济的重要途径。通过创名牌,不仅有利于提高板栗产品质量的总体水平,而且有利于提高板栗生产组织者和企业的管理素质、技术素质和人才素质。因此,要像办企业那样,把创名牌的企业经营之道引进移植到板栗生产经营中来,尽快建立集生产经营、销售运输、贮藏加工为一体的板栗生产龙头企业,实行政府推动、企业联动,充分发挥产业化内联千家万户,外联国内外市场的作用。依托生产基地,在产地兴建短运距市场,在城市建立窗口市场,在交通通道建立跨产区市场,在行业内部建立集技术咨询、信息之道、产品销售于一体的板栗产销全程服务网络,加快板栗生产产业化进程。

(四)加强领导,进一步提高对板栗生产的认识

为促进板栗生产向丰产、优质、高效方向发展,各级政府必须充分认识板栗生产在农村产业中的地位和作用。板栗的重点产区如陕西省镇安、柞水、宁陕等县,板栗生产已成为当地地方财政的聚宝盆、群众的摇钱树。因此,发展板栗生产对振兴农村经济,增加农林收入,丰富城乡居民生活,绿化荒山、改善生态,为国家出口创汇等都具有重要作用。秦巴山区有野生板栗资源6.3万公顷,各级政府应加强宏观指导,搞好总体规划,落实荒山拍卖和依法流转政策,明晰产权,增加投入,组织技术培训和产前、产中、产后服务,把板栗生产纳入巩固、提高、发展的轨道。

第二章 板栗优良品种

一、北方栗优良品种

(一)镇安一号

镇安一号板栗系西北农林科技大学2002年从陕西省镇安县云盖寺镇金钟村板栗实生群体中选育出的大果型优良品种,2006年通过国家林业局林木良种审定会员会审定。

树势强健,自然分枝良好。总苞圆形,平均每苞坚果2.5粒。坚果大,扁圆形,平均单粒重13.15克。果皮红褐色,有光泽。出籽率35.3%。果实成熟期9月上旬。树冠投影每平方米产量0.246千克。种仁涩皮易剥离,果肉含可溶性糖10.1%、蛋白质3.69%、脂肪1.05%、维生素C 37.65毫克/100克。品质优良,抗病力强。

(二)柞板11号

由西北农林科技大学林学院与柞水县板栗研究所选育而成。坚果扁圆形,棕红色,油光发亮,色泽美观,平均单粒重10.9克。种皮易剥离,果肉含可溶性糖9.27%,品质优良。果实病虫害率为4%,抗病虫力强。

(三)柞板 14 号

选中母株位于陕西省柞水县。栗果椭圆形,红棕色,平均单粒重 12.5 克,每千克 79 粒左右。种皮易剥离,果肉含可溶性糖 10.04%,品质优良。果实病虫害率为 4.5%,抗病虫能力较强。

(四)长安明拣栗

产于陕西省长安区内苑、鸭池口一带。植株高大,树冠为自然圆头形,结果枝较多,单株产量可达 35~70 千克,4 月下旬至 5 月上旬开花,9 月上旬成熟。该品种喜阴凉、耐瘠薄,能在阴湿的山区发展,也可在沙质土上栽培。幼树生长快,易形成树冠,提早结果。

(五)宝鸡大社栗

产于陕西省宝鸡市陈仓区安坪沟、东沟等地。植株高大,主干深褐色,树皮裂纹密,不易剥落。总苞针刺长而多,苞内坚果多为 3 粒。坚果扁圆形,平均单粒重 9.12 克。果皮薄,种仁浅黄色,品质上等。9 月上旬果实成熟。植株抗旱、抗寒,喜阴湿,在高山区生长正常。

(六)安栗一号

安栗一号板栗系 1996 年从陕西省安康市财梁乡三湾村板栗实生群体中选育出的大果型优良品种。

母树约 50 年生,树高约 10 米,胸径 52 厘米左右,树冠圆头形。芽苞近三角形,顶端尖锐,总苞重 97 克,刺束中密,每总苞平均含坚果 2.67 粒,出实率 45.2%,平均单粒重 12.6 克。果皮浅棕褐色、油光发亮,内壁有灰白色茸毛,果肉浅黄色,涩皮易剥离,果实成熟期 9 月中下旬。

结果枝较多,占整个树枝的 95%,结果母枝、雄花枝和纤细枝

一、北方栗优良品种

的比例为 19.7∶7∶1。坚果色泽美观,香味浓。

安栗一号具有早实、丰产、稳产的优良特性。适宜于长江中上游地区及秦巴山区海拔 1 200 米以下地区栽培。

(七)安栗二号

安栗二号板栗系 1996 年从陕西省安康市清坪乡马场村板栗实生群体中选出的中果型优良品种。

树冠自然开心形,树姿极开张,分枝角度大,结果早,刺束稀、短而硬,平均每苞含坚果 2.72 粒,出实率 45.7%,平均单粒重 9.3 克,大小均匀。果皮深褐色、光滑无毛,涩皮易剥离。

结果枝较多,占整个树枝的 90%。结果母枝、雄花枝和纤细枝的比例为 17.7∶7∶1。坚果色泽美观,香味浓郁。果实成熟期 9 月上旬。

安栗二号板栗具有早实、丰产、稳产的优良特性。适宜于长江中上游地区及秦巴山区海拔 1 200 米以下地区栽培。

(八)燕昌栗

又名下庄 4 号,从实生树中选出。原株生长于北京市昌平区下庄乡下庄村北山坡下梯田上。1992 年冬通过省级鉴定。

树冠呈扁圆头形或自然开心形。结果母枝较长,平均长 29 厘米,中部直径为 0.55 厘米,前梢长 2.57 厘米。有混合芽 3.3 个,呈扁圆形。雄花序长 16.3 厘米,平均每个结果枝着生雄花序 6.9 条。球果平均重 67 克,呈椭圆形,刺束密度较大。果面茸毛较多,果肩部分茸毛密度大。果皮红褐色,光泽中等,较美观。

本品种具有早期丰产的习性,嫁接后翌年即能大量结果。本品种栗子贮藏 3 个月后果肉含糖 21.63%、蛋白质 7.9%、脂肪 2.19%。栗子香甜而富糯性。

第二章 板栗优良品种

(九) 燕丰栗

又名西台3号、蒜瓣,从实生树中选出。原株生长于北京市怀柔区黄花城乡西台村老坟后山的梯田上。1973年选出。

树冠呈圆头形,树姿开张。球果小型,平均重31.5克,呈椭圆形,总苞皮薄,厚0.15厘米。平均每个总苞内有坚果2.5粒,出实率53.1%,平均单粒重为6.6克。果前梢长,适宜留2~4个混合花芽轻短截。早期结果能力强,高接当年结果,幼树建园3年即可结果,盛果期密植园平均每公顷产量3000~3750千克。

(十) 燕山魁栗

燕山魁栗原代号为107,于1973年在河北省迁西县汉儿庄杨家峪村从实生栗树中选出。1989年通过专家鉴定,1990年命名为燕山魁栗。

树冠呈半圆头形。雄花序较一般品种长,而且多。母枝抽生果枝平均为2.39个,结果枝平均结总苞2.15个,总苞平均重65克左右、呈椭圆形,刺束较密、斜生,成熟时呈"一"字形开裂,每苞含坚果2.75粒,出实率39%~40%。坚果椭圆形,平均单粒重10克。果皮棕褐色,有光泽、茸毛少,涩皮易剥离。

空苞率一般在5%以下。果粒整齐均匀,果肉质地细腻,味香甜,糯性强。果肉含糖21.12%、淀粉51.99%、蛋白质3.72%。适于炒食,品质极佳。

萌芽期4月中旬,展叶期4月下旬,盛花期6月中旬,果实成熟期9月中旬,落叶期11月上旬。

该品种具有很强的适应性、丰产性和稳产性,连续结果能力强。尤其是耐瘠薄、少空苞是该品种的最大特点。幼砧嫁接后3年结果,4年有效益,5年生平均株产2.6千克。在北京、河北等燕山栗区、太行山栗区和山东等地种植表现良好,可作为主栽品种推广发展。

(十一)燕山短枝

燕山短枝原代号为后20,于1973年在河北省迁西县东荒峪镇后韩庄村从实生栗树中选出。是目前燕山板栗良种中唯一的短枝型品种。

树体矮小,树冠紧凑,枝条短粗,叶片肥大,树势健壮,极抗病虫。新梢长度仅为普通型品种(燕山早丰)的70%,新梢粗度则大于普通型品种12%。叶面积和百叶重也分别大于普通型品种19%和30%,叶色深绿、光泽明亮。母枝抽生果枝平均为2.15个,每果枝平均结苞2.1个。总苞均重67.6克,椭圆形,刺束密而硬、斜生,成熟时呈"一"字形开裂,出实率40%左右。坚果平均单粒重9~10克,果粒整齐均匀,果肉质地细腻、味香甜、糯性强,涩皮易剥离。

该品种具有较强的丰产性和适应性,幼砧嫁接后3年结果,5年平均株产2.2千克,每公顷产量2739千克。坚果适于炒食,品质极佳。果肉含糖20.57%、淀粉50.59%、蛋白质5.99%。

萌芽期4月中旬,展叶期4月下旬,盛花期6月中旬,果实成熟期9月中旬,落叶期11月上旬。

该品种树体紧凑,短枝性状突出,果实品质极佳,丰产,适应性强,是生产上不可多得的短枝型优良品种。在北京、河北等燕山产区和山东等地种植表现良好,可作为主栽品种推广发展。

(十二)莱西大板栗

莱西大板栗选中母树是自然杂交种,位于山东省莱西市院上镇大里村南板栗园中。1973年11月17日山东省科委组织专家进行鉴定,并定名为莱西大板栗。

雄花序平均7条左右,长约13厘米。总苞大,薄刺较长但较

第二章 板栗优良品种

密,苞皮较厚、平均0.3厘米,出实率43.1%。坚果平均单粒重25克,每千克40粒。果皮浅褐色、油光发亮,果顶生短茸毛,涩皮易剥离。

坚果炒熟后质糯,风味香甜可口。据莱阳农学院化验,果肉含糖22.4%、淀粉26.57%、蛋白质7.24%,每100克(鲜果)含维生素C 36.5毫克。

在山东省莱西市萌芽期为4月中旬,雌雄花初期5月底至6月上旬,盛花期6月中旬,末花期6月下旬,总苞开裂期9月下旬,落叶期11月上旬。

该品种较耐瘠薄,具有较强的抗病虫能力。可以在山东省蒙山区、江苏省北部地区栽植。

(十三)沂蒙短枝

沂蒙短枝板栗选种母树是自然杂交种,1991年山东省莒南县林业局发现该短枝型优株。1994年9月通过山东省日照市科委的专家鉴定,并定名为沂蒙短枝。

树体矮小,树冠紧凑。结果母枝较短、平均12.2厘米,直径0.57厘米。雄花序较多,每果枝6~10穗,雌雄花序比为1∶3~5。总苞中大,苞刺分枝长1.4厘米、排列紧密,每苞平均含坚果2.3粒,出实率40%。坚果为红棕色、有油光,平均单粒重9.4克,果粒整齐,果肉黄白色。

坚果果肉质地细腻、风味香甜,涩皮易剥离。果肉含糖25.6%、淀粉34.5%、蛋白质3.93%、灰分2.56%。属品质优良的炒食栗。

在山东省莒南县,4月上旬大芽萌动,4月中旬发芽。雌雄花初期6月上旬,盛花期6月中旬,末花期6月下旬。总苞迅速膨大期为9月中旬至9月中旬,9月下旬果实成熟,11月上旬落叶。

该品种较耐瘠薄,抗风,抗病虫害,特别是对叶螨有较强的抗

一、北方栗优良品种

性。可以在山东省山区、江苏省北部地区栽植。

(十四)矮 丰

矮丰板栗由山东省莒南县林业局1992年选出,该母树是一自然杂交种。

树冠紧凑,结果母枝短粗,枝基、枝梢粗度较均匀,平均长12厘米,最长19厘米,平均直径(结果母枝中部粗度)0.5厘米。雄花序平均长6.4厘米,最长9厘米,有花序6~9穗。果前梢平均长1.2厘米,最长3厘米,突然变细,粗度约为总苞下部的1/3,果前梢上平均着生芽2.3个,最多5个。每结果母枝抽生结果枝2.2个,最多5个。坚果中等大小,平均单粒重7.15克,果皮红褐色、有油光,果顶部具灰白色毛。

70%的果枝结苞3个,29%的果枝结苞2个,单苞枝极少。母树年株产25~29千克,每平方米树冠投影面积产量为1~1.25千克。坚果9月底至10月初成熟。

矮丰属紧凑冠型品种,树冠扩展慢,结果枝多,早果性强,丰产性好,适宜密植栽培,耐短截。结果母枝短截后,当年有40%~60%的枝条可抽生结果枝。抗病虫性强,较耐旱、瘠薄。可以在山东省沂蒙山区、江苏省北部地区栽植。

(十五)泰栗1号

山东省新泰市楼德镇东王庄在粘底板无性系中发现1株变异植株,于2000年4月通过山东省农作物品种审定委员会审定。

树势健壮,干性较强。幼龄树生长旺盛,新梢粗壮;盛果期树势缓和。抽生强壮枝多、细弱枝少,形成结果枝多而粗壮,单果枝着生总苞适中,空苞率低,基部芽也能抽枝结果,短截修剪效果较好。果肉质地细糯香甜,涩皮易剥离。果肉含糖22.5%,淀粉65.6%,蛋白质7.3%。属早熟、丰产、优质、较耐贮藏的炒栗兼加工品种。

泰栗1号品种在山东省泰安市4月上旬萌芽,6月上旬盛花,9月初成熟,11月上旬落叶,果实发育期近100天,植株营养生长期210天左右。

抗逆性强,适宜性广。在山东省泰安、临沂、威海等内陆及沿海的丘陵山区、海滩和平原地栽培,树体生长发育良好,结果正常,早熟丰产,品质优良。

(十六)红1号

红1号板栗是1992年在以往选育种的基础上,从红栗杂交泰安薄壳组合苗中选出的优良株(系),1995年通过山东省级鉴定。

树冠圆头形。混合芽、椭圆形、中大,芽体红色。总苞椭圆形、红色、苞皮薄。

树势健壮,干性强。幼树期生长旺盛,新梢长而粗壮。盛果期树高4.5米左右,干径70厘米左右,结果枝长40厘米,直径0.7厘米,果前梢大,大芽数量多且充实饱满,抽生细弱枝少,强壮枝多。基部芽也能抽生结果枝。果肉质地细腻,风味香甜。果肉含糖31%、淀粉51%、脂肪2.7%。品质优良。坚果在常温下沙藏5个月,腐烂率为2%,而对照品质红光栗则在5%以上。红1号为耐贮藏的炒栗品种。

萌芽期为4月上旬,展叶期为4月中下旬,盛花期为6月上旬,雌雄花期相吻合,果实成熟期9月中下旬,11月上旬落叶。

该品种抗逆性较强,适应范围广,在山东省不论山区、丘陵和河滩地条件下栽培,树体生长发育均良好,结果正常。由于总苞刺束稀少,对桃蛀螟等蛀果害虫有较强的抗性。红1号品种不仅早食丰产、品质优良、适应范围广,而且具有幼叶、枝芽红色,总苞刺束紫红色特异性状,是当前生产兼风景绿化的优良品种。

一、北方栗优良品种

(十七) 泰安薄壳

泰安薄壳板栗是山东省果树研究所20世纪60年代初从实生栗树中选出的优良品种。栗实美观、整齐,符合出口标准。抗旱、耐瘠薄,适应范围广,抗病虫能力强。在河滩、平原、山地、丘陵地均适宜栽培,现已遍及山东省各栗产区,其他省也已广泛引种栽培,生长结果表现良好,生态、经济效益十分显著。

幼树树姿直立,结果比华丰、华光晚,嫁接苗定植后3年进入结果期。大量结果后树势缓和,连续结果能力较强,盛果期每公顷可产坚果4 500千克左右,且连续丰产稳产。空苞率近1%(相同立地条件下的宋家早品种空苞率高达95%以上)。栗肉细糯香甜。果肉含糖19%、淀粉66.4%、脂肪3%、蛋白质10.5%,品质甚优。极耐贮藏。

在山东省泰安市4月上旬萌芽,6月初盛花,9月20日前后果实成熟。宜选土层深厚、透气性强的微酸性土壤栽培,沙石土和平原沙壤土均可。

(十八) 烟 丰

山东省烟台市林科所20世纪70年代选出。烟丰具有成花早、雄花量大、早果高产优质和栗实耐贮的特性。其芽的萌发率与成枝力均高。母枝抽生各类枝的比率是:结果枝占59%、雄花枝占5%、细弱枝占36%。幼树3年结果,5年丰产,盛果期每公顷产量7 500千克;用烟丰高接换种的大树,2年结果,3年丰产。自花授粉结实率较低,一般不超过20%。总苞生长发育期为122天。果仁质糯,风味香甜适口,品质上等。果肉含蛋白质9.45%、脂肪3.19%、淀粉56.32%、糖26.45%。

在山东省烟台地区萌芽期4月中旬,展叶期4月底,雄花序5月上旬出现,雄花序6月上旬出现,花期6月中下旬,成熟期9月底至10月上旬,11月中下旬落叶休眠。

烟丰具有适应性强、耐旱薄、树体紧凑、早果、高产优质等特点,要求土层较深厚、土壤较肥沃、pH 6~7的壤土或沙壤土上栽植,是密植丰产和开发荒山沙滩旱薄地的优良品种。

(十九)蒙山魁栗

蒙山魁栗是1999年从山东省费县境内蒙山腹地发现的实生栗树,是目前北方炒栗优良品种中单粒重最大的品种之一,同时具有早实、丰产、优质等优良性状。

幼树较直立,叶片肥大、深绿色。枝条粗壮,芽体饱满。雌雄花序比例为1∶3。母枝平均抽生结果枝2.1条。每条结果枝平均总苞2.5个,每苞内平均含坚果2.3粒,苞刺稀而短,出实率47.5%。坚果红褐色、半毛栗,平均单粒重15克,果肉黄色,涩皮易剥,果粒大小整齐。

母树5年平均株产量49.5千克,每平方米树冠投影面积平均产量0.6千克。果肉含糖20%、蛋白质5.46%、淀粉69.9%,品质上等。糯性,适于炒食,耐贮藏。

萌芽期4月上旬,雌花盛开期6月中旬,果实成熟期9月下旬。适宜在山东省沂蒙山区及江苏省等地栽培,西北地区及河北省栗产区可以引种。

(二十)华丰板栗

华丰板栗为1979年利用杂种12号板栗互为父母本进行人工套袋杂交而选出的新品种。1990年通过山东省验收鉴定,并正式定名为华丰板栗。

幼树生长势强,成龄后树势逐渐趋缓和。中幼砧木嫁接后7年生树高4.4米,冠径3~4米,干径60厘米。适于短截更新修剪,萌芽率较高,成枝力较强,细弱枝较少。空苞率近1.6%。连

一、北方栗优良品种

续结果能力强,丰产稳产性好。果仁质地细糯,风味香甜。果肉含糖19.7%、淀粉49.3%、脂肪3.3%,是优良的炒食栗。

在山东省萌芽期为4月上旬,展叶期4月中旬,盛花期6月上旬且雌雄花期相吻合,果实成熟期9月中旬,11月上旬落叶。

华丰板栗的抗旱及耐瘠薄性优于红光和红栗等品种,嫁接亲和力强,适应性广,不论在山地、丘陵和沙地栽培,均表现早果丰产、品质优良。在土壤条件良好、管理水平较高的情况下,更易发挥其增产潜力。

(二十一)华 光

华光是山东省果树研究所1993年以野生板栗和板栗杂交育成。在全国重点栗产区已推广栽植。

树冠易成开心形。混合芽大而饱满,近圆形。平均每结果母枝抽生结果枝2.9条,每结果枝均着生2.7个总苞。总苞椭圆形,皮薄、刺束稀而硬,多呈"一"字形开裂。总苞柄较长,平均每苞有坚果3粒,出实率55%。坚果椭圆形,平均单粒重9.2克,大小整齐。果皮红棕色、光亮。果肉质地细糯,香甜,含糖20.1%、淀粉49.95%、蛋白质9.%、脂肪3.35%。底座小,果实耐贮藏。

4月上旬萌芽,4月中旬展叶,6月上旬盛花,9月中旬成熟,11月上旬落叶。本品种树体健壮,枝粗芽大,早果丰产,品质优良,适宜短截修剪,抗逆性强。适宜在全国的丘陵山区和河滩平地发展栽培。

(二十二)郯城207

1964年于山东省诸城市茅茨村选出。树冠圆头形,嫁接树生长旺,成龄树树势中庸,枝粗芽大,叶片肥厚,形成雌花的能力较强。结果母枝粗短,平均每母枝抽生2.4个果枝,每果枝平均结苞2个,出实率35%~40%。总苞椭圆形,刺束较密,平均每苞含坚果 2.6 粒。坚果中等大,单粒重 9~14 克,为大型红褐色板栗。果肉含糖 11.9%、淀粉 69%、脂肪 3.4%、蛋白质 10.5%,品质中上等。果实较耐贮藏。

在山东省萌芽期 4 月中下旬,雌花盛花期 6 月中旬,果实成熟期 9 月下旬。中晚熟品种。在肥水条件差,采收早、成熟度差时,坚果不饱满,栗实易失水皱皮。适于在山东省、江苏省北部、长江流域等土层厚、土质好、管理水平较高的条件下栽培。

(二十三)金 丰

又名徐家一号。1969 年选出,母树生长在山东省招远市徐家村南沟瘠薄的砾质沙土坡地上。

树体大小中等,开张,雄花量少。平均每母枝抽生 2.2 个结果枝,每结果枝结苞 2.4 个。总苞特大(纵横径 9.9 厘米×9.5 厘米),每苞平均含坚果 2.7 粒,出实率 34.6%。平均单粒重 15.2 克,最大粒重可达 22 克。果皮棕红色、茸毛多,果肉乳黄色。

果实 9 月中下旬成熟。果肉味香甜。坚果含淀粉 55.1%、糖 12.09%、蛋白质 9.4%、脂肪 3.5%,品质上等。耐贮藏。适应性强,在瘠薄丘陵地和河滩沙地生长发育良好,丰产。

(二十四)石 丰

1971 年选出。母树生长在山东省海阳县中石现村山麓的砾质沙土上。

树体偏小,树冠开张。雄花量多。平均每结果枝抽生 2~3 个结果枝。总苞椭圆形、中大,纵横径为 6.6 厘米×9.5 厘米。苞壳薄,刺短而密,每总苞平均含坚果 2.5 粒,出实率 34%。平均单粒重 7.5 克,最大粒重可达 10.3 克。果皮红棕色,茸毛少。果肉乳黄色。

果实 9 月下旬至 10 月初成熟。果肉含淀粉 43.1%、糖

25.29%、蛋白质 7.3%、脂肪 3.5%。适应性强,在丘陵地、河滩地栽培生长发育良好。适宜在山东省、江苏省北部引种。

石丰为稳产高产品种,适于密植。施足基肥并适时追肥,以克服其坚果颗粒偏小的缺点。

(二十五)上　丰

原名步家 1 号。1977 年定名为上丰,是胶东半岛栽培的主要品种之一。

幼树生长较旺,树姿直立,树冠紧凑,嫁接后 4 年生长势迅速。果枝平均长 23.4 厘米,每结果母枝抽生 2～3 个结果枝,每果枝着生总苞 2 个。总苞椭圆形,刺束稀而直立,平均每苞含坚果 2.2 粒。坚果大小整齐,平均单粒重 9.3 克。果皮深褐色,有光泽。

果实 10 月上旬成熟。果枝连续结果 4～5 年。空苞率 9.3%。果肉质地细糯,风味香甜,品质上等,耐贮藏。适应性强,在山东省山丘地和河滩地栽培,生长发育良好,丰产,适宜密植。

二、南方栗优良品种

(一)安徽大红袍

又名迟栗子。原产于安徽省广德县。

树势中等,适应性广,抗旱力较强。11 年生树高 4.95 米,东西冠幅 4.9 米,南北冠幅 4.95 米。母枝抽生结果枝能力为 2.3 个,平均每结果枝总苞数为 1.7 个(总苞大小中等),出实率 41.1%。坚果红色、有光泽,平均单粒重 15.1 克。

11 年生单株产量 10.5 千克。坚果味甜、有微香,果肉偏糯性,果肉含蛋白质 7.13%、脂肪 2.3%、淀粉 46.1%、可溶性糖 7.4%。4 月上旬萌芽,5 月下旬开花,10 月下旬果熟,11 月下旬落叶。

该品种在红壤丘陵地表现丰产。坚果较大,品质较佳,适宜菜食和炒食用。适合于在安徽省、浙江省等地栽培。

(二)粘底板

原产于安徽省舒城。因成熟后栗蓬开裂而坚果不脱落,故称粘底板。

树势中等,树冠较为开张。叶长椭圆形,雄花序平均长15.3厘米,平均每结果新梢上挂果3.4个。苞皮厚3.1毫米,总苞近圆形,刺束长、直立、排列密,出实率39%,坚果椭圆形,平均单粒重12.5克,红褐色,光泽一般,茸毛少,底座较大。

坚果耐贮藏,病虫害较少。果肉含总糖15.15%、蛋白质5.74%,每100克鲜果含维生素C 22.46毫克。在湖北省武汉地区开花盛期为6月上旬,坚果成熟期9月下旬至10月上旬。适宜在长江中下游栗产区栽培。

(三)安徽处暑红

又名头黄早。产于安徽省广德县砖桥、山北、流洞等地。

树型中等,树冠紧密、圆头形,枝节间短,分枝角度较小。平均单粒重16.5克,紫褐色,光泽中等。果面茸毛较多,果顶处密集。栗粒明显可见。

幼树生长较旺,进入结果期早,嫁接苗3年株产量可达1.3千克,第五年株产3.3千克,进入盛果期后,产量高而稳定。果肉细腻,味香。果肉含糖12.6%、淀粉51.1%、蛋白质6.07%。坚果9月下旬至9月下旬成熟。

本品种受桃蛀螟、栗实象鼻虫为害较轻。产量高、稳定,果实成熟早,在中秋节前可上市,很有市场竞争力,颇受欢迎。

二、南方栗优良品种

(四)节节红

1993年在对安徽省板栗种质资源调查过程中发现,该品种优良单株于2002年7月通过安徽省林木品种审定委员会审定,并命名为节节红。

树姿直立、紧凑,树冠圆头形。总苞特大,长11.2厘米、宽9.6厘米、高9.1厘米,平均单苞重162.3克,最大苞重192.9克,苞皮厚0.41厘米。苞刺长1.67厘米,排列紧密,坚硬直立。平均每苞含3粒坚果,出实率43.5%。坚果椭圆形,硕大,长4.44厘米、宽2.74厘米,平均单粒重25克,最大粒重32.9克。果面具油脂光泽,果肉淡黄色。

在安徽省潜山等地3月中旬萌芽,3月下旬展叶,雄花序出现期4月上旬,盛花期5月中下旬,雌花盛开期5月下旬,果实成熟期9月下旬至9月初,落叶期11月中旬。

该品种适应性广,耐旱,抗病虫,耐瘠薄。自花结实率高,花期遇连阴雨坐果率仍很高。适宜在长江流域及以及南丘陵山地栽培。

(五)九家种

原产自江苏省苏州市吴中区洞庭西山。由于优质、丰产、果实耐贮藏,当地有"十家有九家种"的说法,表明深受农民欢迎,因而得名。

树势中等,树型小而直立,树冠紧凑,枝粗短,节短。11年生树高5.2米,东西冠幅为3.9米,南北冠幅为3.1米。总苞中等大,椭圆形,出实率41%。坚果圆形,中等大,平均单粒重10.2克。果皮赤褐色,有光泽。果肉含蛋白质9.1%、脂肪2.1%、淀粉51.1%、可溶性糖4.1%。

4月下旬萌芽,5月中旬开花,10月上旬果熟,11月上旬落叶。

该品种宜选择在海拔700米以上的地带、土层深厚的地方种植,树型较小,树冠紧凑,适于密植,丰产。品质较佳,适于炒食和做菜食用。近年来,在山东、河南、安徽、浙江、湖南、广西、云南等省、自治区已先后引入该品种试验,表现良好。

(六)大底青

原产于江苏省宜兴市。

树势旺,树冠圆锥形。11年生树高5.2米,东西冠幅4.99米,南北冠幅3.09米。总苞中等、椭圆形,出实率36%。坚果大,平均单粒重19克。果皮赤褐色,有光泽。

果肉质细,糯性,味甜有微香。果肉含蛋白质9.67%、脂肪2%、淀粉40.5%、可溶性糖3.13%。4月上旬萌芽,5月下旬开花,9月下旬至10月上旬果熟,11月下旬落叶。

该品种在红壤丘陵地栽植表现丰产、果大、品质较佳,适宜做菜食用。适宜在长江中下游栗产区栽培。

(七)薄壳油栗

原产于江苏省南京市。

树势中等,树冠较开张。平均每母枝抽生1.9个结果枝,每结果枝结苞1.7个。总苞中等大、圆球形、苞皮薄,出实率50.9%。坚果棕褐色、有光泽,平均单粒重16.9克。

果肉含蛋白质9.31%、脂肪2.7%、淀粉39.1%、可溶性糖3.5%。4月上旬萌芽,5月下旬开花,10月上旬果熟,11月下旬落叶。

该品种在红壤丘陵地栽培表现较丰产,结实率高,品质较佳,宜做菜食用。适宜在长江中下游栗产区栽培。

(八)青皮软刺

又名青、软毛蒲或软毛头。原产于江苏省宜兴、溧阳市两地。

二、南方栗优良品种

树势强旺,分枝性强,11年生树高5.1米,东西冠幅4.91米,南北冠幅4.94米。树冠圆锥形,平均每母枝抽生1.92个结果枝,每结果枝结苞1.97个。总苞中等大、椭圆形,出实率43%。平均单粒重13克,果皮紫红色、有光泽。

果肉糯质、味甜、有微香,含蛋白质7.31%、脂肪1.69%、淀粉36.5%、可溶性糖3.5%。4月上旬萌芽,5月下旬开花,10月上旬果实成熟,11月下旬落叶。

该品种在红壤丘陵地栽植表现丰产,品质较佳,较耐贮藏,宜菜食和炒食用。适宜在长江中下游栗产区栽培。

(九)短毛焦刺

原产于江苏省宜兴市。

树冠圆锥形,平均每母枝抽生1.79个结果枝,每结果枝结苞1.9个。总苞大、椭圆形,出实率45%。坚果大,平均单粒重19克,最大粒重26克,果皮紫褐色、有油脂光泽,果顶端茸毛多。

果肉质糯,味甜、有微香。果肉含蛋白质6.61%、脂肪2.76%、淀粉35%、可溶性糖3.95%。4月上旬萌芽,5月下旬开花,9月中下旬成熟,11月下旬落叶。

该品种在红壤丘陵地栽植树势强旺,果大,整齐,丰产,品质较佳,宜做菜食用。适宜在长江中下游栗产区栽培。

(十)江苏处暑红

原产于江苏省宜兴、溧阳市两地。由于果实成熟期早,一般在处暑成熟,故称处暑红。

树势中等,树冠开张,枝条稀疏。平均每母枝抽生2.1个结果枝,每结果枝结苞1.76个。总苞大、椭圆形,出实率35%。坚果大,平均单粒重21.4克。果皮深赤褐色,有光泽。

大小年不明显。果肉糯性,味甜,有微香。果肉含蛋白质

6.43%、脂肪1.64%、淀粉50%、可溶性糖2.75%。4月上旬萌芽,5月下旬开花,9月上中旬成熟,11月下旬落叶。

该品种在红壤丘陵地栽植表现丰产,果粒大,品质佳,抗逆性和适应性强,成熟期早。适宜在长江中下游栗产区大、中城市近郊栽培,供菜用。

(十一)上虞魁栗

原产于浙江省上虞市,为当地主栽品种,以粒大而著名,一般平均单粒重17.95克。

树势中庸,树冠开张,呈自然开心形或圆头形。雄花序着生叶腋,长而多。雄花序着生在最上部1~4条雄花序基部,呈球状。总苞长椭圆形,均重132.1克,呈黄绿色。刺长,密而粗硬。一般每苞含坚果2.1粒,出实率32%。坚果大,为板栗之"魁",单粒重17.95~19.23克,外形美观。果皮赤褐色,富光泽,少茸毛。顶部平或微凹,肩部浑圆,底座小,接线平直。果肉浅黄色。

魁栗味甜,粳性,宜菜用,也可加工成罐头、栗子羹、糕点等副食品,营养丰富。果肉含总糖9.4%~9.2%、蛋白质6.7%~11.1%、淀粉47.6%~76%、脂肪1.4%~3.3%。还富含多种维生素($A、B_1、B_2、C$)和钙、磷、钾,但不耐贮藏。

坚果成熟较早,一般在9月中旬。魁栗性喜光、耐瘠薄,适应性广。在山坡、地角、路旁均可种植。

(十二)毛板红

1964年通过对浙江省的板栗主产县淳安、上虞、长兴、富阳、缙云等地进行了品种资源调查,最后选出了经济性状表现突出的诸暨短刺板红和长刺板红。

树势中庸,树冠半开张。结果枝长16.5厘米,直径0.593厘米,果前梢长3.3厘米,萌眼饱满。雄花序长16.5厘米,一般每果

二、南方栗优良品种

枝着生雄花序10.4条,着生雄花1.77个,雌雄花序数比为1：5.99。母枝平均抽生1.67个结果枝,每果枝着果1.45粒。总苞大,椭圆形。苞刺长1.3～1.5厘米,较稀疏。平均每苞内含坚果2.42粒,出实率35.75%。坚果籽粒均匀,上半部多毛。果实长圆形平顶,个较大,平均单粒重15克。

结果能力强,结果枝占53.09%,大小年现象不明显。坚果耐贮藏,贮后4个月腐烂率不到10%。坚果炒食、菜用均可,并适宜加工。耐干旱、瘠薄,对栗疫病、栗瘿蜂等有较强的抗性。

(十三) 浙903号

树势较强,树冠圆头形。结果枝长21.5厘米、直径0.6厘米,果前枝4厘米,芽眼饱满。雄花序长14.2厘米,平均每果枝着生雄花序15条、雌花1.97个。平均每母枝抽生1.5个结果枝,每果枝着生总苞1.6个,结果枝比例61%。总苞大。刺较密,刺长1.5～1.9厘米。总苞含坚果2.6粒,出实率42.7%。坚果大,平均单粒重15.2克,赤褐色,表面有茸毛,顶部和底部周围的毛较集中。

嫁接后第三年始果、平均株产0.46千克,第四年平均株产1.1千克,第五年平均株产4.25千克。在山地栽培效果良好,平均产量比毛板红高34.9%,且质糯味香,品质上等。坚果外观好,商品性好。贮藏性能好,普通沙藏4个月腐烂率低于10%。

芽于3月下旬萌动,展叶期4月上旬,雄花序出现期4月16日,盛开期5月19日至6月10日,成熟期9月23～29日。耐干旱瘠薄,适宜在南方丘陵山地栽培,可以在浙江省及周边地区优先推广。

(十四) 永荆3号

永荆3号栗选中母枝为实生树,树姿开张,枝条粗壮。雄花序平均每果枝12条、长24厘米,雄雌花序比为11.2：2.7。总苞椭

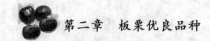

圆形,纵横径9.3厘米×6.4厘米,中型,重70～119克。刺束较疏,刺长0.9～1.2厘米。苞皮厚0.36厘米,果肩圆,果个大,平均单粒重19.3克。果皮紫褐色、具光泽,顶部稍见茸毛。果肉乳黄色,熟食粉质而略有桂花香味,栗肉炒菜不糊。

果肉含总糖12.21%,还原糖1.36%,淀粉77.73%,纤维素1.97%。初步认为可以制作B～E级糖水栗罐头。1999年做栗粉、真空软包装栗脯试制,认为各项指标明显优于对照。

在浙江省永嘉县3月下旬萌芽,4月中旬展叶。雄花始花期5月上旬,盛花期5月中下旬,终花期6月上旬。雌花始花期5月中旬,盛花期5月下旬,终花期6月上旬。果实熟期9月上中旬,落叶期12月上旬。

(十五)双季板栗

双季板栗是浙江省开化县特产局经过多年选育出来的板栗新品种。它具有1年开两季花、结两季果的特点。

幼树生长旺盛,枝条粗壮,直立性强。总苞较大,平均含坚果3粒,出实率51.9%。坚果大,平均单粒重27.5克,最大粒重达60克。果皮棕褐色,有光泽。坚果顶部有少许茸毛。双季板栗属早熟品种,果实生育期短,第一季成熟期为9月底,第二次开花基本上集中在翌年7月中下旬。果实生育期90～102天,在10月份无明显霜冻的地方可以正常成熟。第一季基本无空苞,第二季自花结实率高,特别是第二季在无其他花粉的情况下,结果性能很好,无生理落果现象。坚果质糯、味甜,两季果的商品性都好。

(十六)它 栗

它栗为湖南省邵阳市的农家品种,是当地的主栽品种,栽培的历史悠久。

树势较强,树型较小,枝条开张,树冠半圆头形。总苞椭圆形,刺束较密而硬。每苞含坚果2～3粒。坚果扁椭圆形,平均单粒重13.2克,果皮棕褐色,光泽暗淡。

成枝力很强,每母枝抽生新梢5～7个,结果枝占39.4%,每果枝着生1.9个总苞。果肉含蛋白质10.7%、脂肪3.4%、糖分15%～20%、淀粉62%～70.1%。极耐贮藏。

果实9月中下旬成熟。在广西、广东、江西、安徽、江苏等省、自治区引种表现良好。它栗适应性强,对气候、土壤要求不严,耐寒、耐旱、耐高温、耐瘠薄。

(十七)靖州大油栗

靖州大油栗为湖南省靖州县著名的优良品种质资源,南方各地也相继引种栽培,有的初见成效。

坚果大,平均单粒重27.5克,最大粒重达42.2克。果皮紫红、油亮。早实性好,定植1～3年可始果,5年后进入盛果期(株产量10千克)。果肉含淀粉49.9%～65.9%、蛋白质9.2%～11.9%、脂肪3.9%～4.7%,多种维生素和微量元素明显高于其他品种。

4月中上旬萌芽,6月上旬开花,9月中下旬坚果成熟。耐旱涝,耐瘠薄,耐高、低温,抗病虫。本品种对板栗疫病的抗性尤为突出。在山地、丘陵、平川均可栽培,是丘岗山地开发、移民开发等的好树种。

(十八)大果中迟栗

主产于湖北省罗田县。

幼树树势偏弱,树姿开张,雄花序长17.9厘米。平均每结果枝结总苞1.1个。总苞扁椭圆形,刺束短、排列较密、略斜生,苞皮较厚,出实率40%。坚果椭圆形,平均单粒重20克。果皮赤褐色,光泽少,茸毛少。

第二章 板栗优良品种

该品种果个大、整齐,品质好,较耐贮藏。对栗实象有较强的抗性,但早期丰产性较差。栽植第四年株产 1.05 千克。果肉含总糖 15.95%、蛋白质 4.32%,每 100 克鲜果含维生素 C 29.65 毫克。

在武汉地区开花盛期 5 月下旬至 6 月上旬,果实成熟期为 9 月 20 日左右。适宜在长江中下游栗产区栽培。

(十九)湖北大红袍

主产于湖北省京山、武汉等地。

树势中等,树姿开张。叶长椭圆形。雄花序长 16 厘米,每结果新梢平均挂果 2.2 个。总苞椭圆形,苞皮较厚,刺束长、较斜生、排列中密,出实率 40%。坚果大,平均单粒重 19 克。果皮紫红色,茸毛少。果实成熟期 9 月上中旬。

该品种较耐贮藏,早期丰产性好,且能丰产稳产。果肉含总糖 12.95%、蛋白质 3.69%,每 100 克鲜果含维生素 C 23.35 毫克。该品种对栗实象和桃蛀螟抗性较差。

(二十)薄壳大油栗

主产于湖北省罗田县。

树势强健,树冠紧凑。1 年生结果母枝长 29.3 厘米,直径 0.69 厘米。叶长椭圆形。雄花序长 14.2 厘米,平均每结果枝结总苞 2.3 个。总苞圆球形,苞皮薄,刺束短、排列稀疏、斜生,出实率 55%。坚果大,平均单粒重 19 克。果实成熟期为 9 月下旬至 10 月上旬。

该品种早期丰产性好,栽植第四年株产 2.42 千克。果肉耐贮藏,品质好,抗桃蛀螟能力强。果肉含总糖 15.32%、蛋白质 6.31%、每千克鲜果含维生素 C 201 毫克。

二、南方栗优良品种

(二十一)浅刺大板栗

树势强健,树冠较紧密,1年生结果母枝长23厘米、直径0.71厘米。叶长椭圆形,雄花序长16厘米。平均每结果枝结总苞2.2个。总苞椭圆形,苞皮较厚,刺束长、排列中密,出实率40%。坚果大,平均单粒重19克。果皮紫红色,茸毛少。果实成熟期9月上中旬。

该品种较耐贮藏,早期丰产性好,且能丰产稳产。对栗实象和桃蛀螟抗性较差。果肉含总糖12.95%、蛋白质3.96%,每100克鲜果含维生素C 23.35毫克。

(二十二)罗田早熟栗

每母枝平均抽生2.1个结果枝,每结果枝平均结总苞1.61个。总苞中大,椭圆形,出实率39.9%。坚果大,平均单粒重15.5克。果皮暗紫褐色,有光泽。9月中旬果实成熟,11月下旬落叶。

果枝连续2年抽结果枝的占39.4%,连续3年抽结果枝占24.9%。大小年现象不明显。11年生单株均产6.07千克,最高单株产10.05千克。果肉偏粳性,味较甜,有微香。果肉含蛋白质9.24%、脂肪3.14%、淀粉45%、可溶性糖6.17%。果粒较大,品质较佳,成熟期早,宜做菜食和炒食用。

该品种在红壤丘陵地栽植能丰产。适宜在湖北、湖南等长江中下游栗产区栽培。

(二十三)桂花香

原产于湖北省罗田县。

树势中等,树冠紧凑,1年生结果母枝长31厘米、直径0.57厘米。叶长椭圆形。雄花序长13.7厘米,每个结果新梢上平均挂果1.5个。总苞短椭圆形,均重69克,苞皮厚2.1毫米,刺束短、

排列疏,出实率54%。坚果椭圆形,平均单粒重12.39克。果皮红褐色,色泽光亮,茸毛少。坚果底座小。

病虫害极少。坚果耐贮藏,品质好。果肉含总糖14.54%、蛋白质4.6%,每100克鲜果含维生素C 17.27毫克。

在武汉地区开花期5月中下旬,果实成熟期9月5日左右。适宜在长江中下游栗产区栽培。

(二十四)农大1号

树型矮化,树冠紧凑。雌花分化良好,雌花枝比例为69.15%。平均每果枝结总苞1.93个,总苞均重66.2克。出实率49.37%。坚果大,平均单粒重10.04克。

枝条壮实、芽饱满,结果母枝的质量较高,花芽分化比较彻底,连续结果能力强(可达92.99%),大小年现象不明显。雄花序长度缩短为原品种的69.5%,部分雄花序在发育过程中败育。果实发育期有所缩短,但果实仍保持了原品种优良品质,风味较好。稳产性好。

经长期观察,农大1号板栗未发现严重的病虫害,特别是对斑点病、叶斑病和干枯病有较强的抗性。

(二十五)中果红油栗

原产于广西壮族自治区平乐县同安乡老圩村。

树势强健,树姿开张,树冠高圆头形。每母枝平均抽生2个结果枝,每果枝结总苞2.1个,总苞中等大、椭圆形,每苞含坚果2.4粒,出实率49.1%。坚果椭圆形,中等大,平均单粒重13.4克,最大粒重达14.3克。果皮红色至红褐色,油亮,茸毛极少。

果肉细糯而甜。果肉含淀粉67.5%、糖13.5%,耐贮藏。5月中旬开花,果实在9月下旬成熟。多在平原地区栽培。适宜在广东、广西等省、自治区栽培。

三、丹东栗与日本栗优良品种

(一)优系 9602

总苞黄绿色、扁圆形,成熟开裂时为黄褐色。苞刺长而密,针刺长 2.2 厘米,苞皮厚 0.12 厘米。每苞含坚果 3 粒。坚果大、浅黄色、茸毛少,平均单粒重 16.7 克,最大粒重 29 克。两边果为扁圆形,中间果实为肾形,底座比为 1∶3,果肉浅黄色,涩皮难剥离。

幼树生长旺,进入结果期生长势缓和,以中长果枝结果为主,从第七节开始生总苞。结实率高,未发现空苞现象,在一般栽培管理条件下,采用硬枝低接法,当年见果株率达 26%,第二年平均株产 1.79 千克,第三年平均株产 4.6 千克,第四年平均株产 6.7 千克,每公顷产量 4 422 千克。果肉质细,味甜,稍有香气。果肉含水 57.2%、总糖 24.9%、淀粉 41.12%、蛋白质 4.5%。

(二)沙早一号

树势中庸,树冠紧凑,树体矮小,树姿较张开。结果母枝平均结苞 5~6 个,每苞含坚果 3 粒,雌花序多于雄花序,果实大型,椭圆形,平均单粒重 17 克,最大粒重 33 克。果面紫红色,光亮美观,果肉黄白色。

与丹东实生栗嫁接亲和性好,与中国实生栗嫁接亲和性较差,内膛枝结果能力强,结果母枝具有连续结果能力,果肉质地细腻,风味香甜。品质上等,耐贮藏。

该品种抗寒性强,在 1999—2000 年严重低温下,表现出较强的抗寒性,无任何冻害。具有结果早、丰产、早熟、抗旱、抗病等优点,适宜在辽宁、吉林等寒冷地区栽植。

(三)辽栗 23 号

树姿较直立,树冠圆头形,坚果椭圆形,浅褐色,果面有少量短茸毛。总苞内含坚果 2 粒,平均单粒重 14.7 克,抗栗瘿蜂能力与抗寒性较强。

早期丰产性强,适于密植栽培,辽宁省凤城市嫁接翌年结果株率达 90% 以上,嫁接树 4~6 年生平均株产 4 千克。

适宜在辽宁省桓仁(北纬 41°5′)以南,土层深厚,土壤 pH 5.5~6.5 的地区栽培。该品种适应性较强,在土壤瘠薄的山地栽培也能获得较高的产量。

(四)辽栗 15 号

树姿直立,树冠圆头形,早期丰产性强,适于密植栽培。总苞含坚果 2.5 粒,坚果椭圆形、红褐色、有光泽,平均单粒重 15.2 克。果实 9 月中旬成熟。

适宜在辽宁省桓仁以南,土层深厚,土壤 pH 5.5~6.5 的地区栽培。在土壤贫瘠的山地栽培也能获得较高的产量。且抗栗瘿蜂能力与抗寒性较强。

(五)辽栗 10 号

树姿较开张。坚果三角状卵圆形、褐色,果面光亮,涩皮较易剥离,果肉黄色较甜,有香味。总苞含坚果 2.4 粒,平均单粒重 19.9 克。

该品种适宜在年平均温度 7.7℃线以南。背风向阳、土层深厚,土壤 pH 5.5~6.5 的地区栽培。如辽宁省的凤城、东港、岫岩、庄河、绥中、兴城等地。适应性较强,在土壤瘠薄的山地栽培也能获得较高的产量。

三、丹东栗与日本栗优良品种

(六)丹　泽

又名栗农林1号,是日本农林省农业技术研究所园艺部通过杂交育成的品种。亲本为乙宗与大正早生,极早熟品种。1959年命名公布,是日本20世纪50年代选育的抗栗瘿蜂品种之一。

树姿较开张,树势较强,发枝旺,分枝多,树冠为圆头形。总苞丰圆,苞皮中厚。出实率42%。坚果个大,长三角形,平均单粒重22.5克。果皮深褐色,有光泽。果肉浅黄色。

属早熟品种。坚果既可生食又可加工。果肉粉质,甜度中等。在山东省泰安市4月上旬萌芽,4月下旬至5月上旬开雄花,雌花比雄花晚10~15天。果实成熟期9月下旬。

该品种对栗疫病抗性较强,其缺点是有裂果现象。同时,该品种是其他品种良好的授粉组合。

(七)岳　王

朝鲜栗。树势健壮,枝条生长快,树姿开张,属大冠型。叶窄长披针形,叶深绿色,叶幕层较厚,生长势健壮。总苞含坚果2~3粒。果实个大,平均单粒重22克,最大粒重36.5克。

比较丰产稳产,嫁接翌年结果株率可达95%以上,大砧木嫁接3年每公顷产量可达1500千克。坚果含淀粉29.79%、蛋白质4.2%、总糖10.77%。9月中旬成熟。

适宜在湖北、湖南省等地栽培。

(八)土60号

朝鲜栗。1999年辽宁省农业厅通过朝鲜农业委员会引进,并在辽宁省东部山区进行多点试栽,效果良好。

成龄栗树树冠圆头形,树姿开张,生长势强。坚果椭圆形,外果皮光亮,红褐色,茸毛极少。单粒重8~9克。涩皮易剥离。

第二章 板栗优良品种

抗虫性极强,在栗瘿蜂为害猖獗的辽宁省东港市合隆镇,该品种在人工接种和自然生长条件下,连续2年的抗虫性表现绝对免疫,芽、枝均无被害,而对照的芽、枝被害率均在50%左右。在辽宁省丹东地区萌芽期4月中旬,展叶期5月上旬。雄花始花期6月中旬,盛花期6月中下旬。雌花始花期6月中旬,盛花期6月下旬。果实成熟期9月下旬。

(九)筑 波

又名栗农林3号,是日本农林省农业技术研究所园艺部通过杂交育成的品种,是日本选育的抗栗瘿蜂品种之一,现为日本主栽品种之一。

树体较矮、树冠圆锥形。树姿较直立,树势较强。总苞扁圆,苞皮较薄,出实率45%。坚果呈短三角形,平均单粒重24.5克,最大达40克,果顶稍尖。果皮红褐色,有光泽。果肉浅栗色。大小年现象不明显,是日本栗中高产稳产性最强的品种之一。果肉粉质,甜度较大,香气浓郁。双籽果少,耐贮藏,宜加工。

对土壤的适应性较强,也容易管理,是日本、韩国的主栽品种。在日本易受栗瘿蜂为害,对食叶害虫抗性较弱。

(十)银 寄

银寄是日本和韩国有名的中晚熟代表性品种。

树姿较开张,树势强健,树冠高大、圆头形。枝条节间短,生长量较大,树体明显乔化,同样条件下的同龄树,比筑波高出1/3。发芽早,落叶晚,总苞扁椭圆形,苞皮较薄。出实率43%~45%。坚果呈扁圆形,平均单粒重25克。果皮深褐色,光泽度好。果肉浅黄色、粉质。坚果内侧面稍弯曲,排列规整。

较耐瘠薄,适宜中等肥力的土壤。该品种几乎是各个品种的良好的授粉树。抗栗瘿蜂能力强,在日本和韩国广泛种植。

(十一)利平栗

利平栗是日本岐阜栗农从中国板栗与日本栗的自然杂交种中选出。

树体较矮。叶浅绿色,有光泽。坚果扁圆形,平均单粒重26克。果皮黑褐色,有光泽,外观极美。果肉浅黄色。树势较弱,新梢生长缓慢,分枝力较弱,节间短。果肉甜味浓,质地较硬,不适于加工。

在广东省阳山县3月下旬萌芽,4月上旬抽梢,4月中旬开雄花,雌花约迟15天。春梢4月上旬抽出,夏梢5月下旬抽出。秋梢7月下旬抽出,易产生2次花,并可2次挂果。第一次收获期为9月下旬,第二次收获期为10月中旬。

抗寒能力较强,可在我国北部栗产区栽培。

四、优良板栗砧木

板栗繁殖的方法主要是实生繁殖与嫁接繁殖。近年来亦有扦插繁殖、胚芽嫁接繁殖的试验报告,但尚未在生产中应用。南方野板栗分布地区,有利用自然生长的野板栗(板栗的原始种)就地改造成园的做法,不过仅限于局部地区。苗圃培育实生苗、圃内或田间嫁接生产品种化苗木仍然是板栗繁殖的主要途径。

板栗嫁接繁殖对砧木种类要求严格,必须是本砧嫁接,只有板栗以及与板栗亲缘关系最近的野板栗可以作砧木。茅栗、锥栗、日本栗经大量试验证明,虽可嫁接成活甚至保存数年,但最终会因后期不亲和而死亡,不能用作砧木。在茅栗、野板栗分布区域重合的地区,常将两者混同,将茅栗误为野板栗使用。表2-1是几种栗的比较,在选择砧木时必须注意区别。了解了板栗严格要求本砧嫁接这一特性,生产上可以不必重复前人已经做过的试验,少受许多损失。

第二章 板栗优良品种

表 2-1 实生板栗、野板栗、茅栗、锥栗嫁接板栗的比较

种 类	实生板栗	野板栗	茅 栗	锥 栗
分 布	产区附近	低山丘陵	较高山区	丘陵及山区
生物学特性	高大乔木,进入结果期晚,一般需5～7年,果枝上一般1～3个刺苞,坚果大,叶片宽大,叶背散生,星状毛	小乔木或灌木,1～2年生就能结果,刺苞成串着生,一个枝上多至20个刺苞,坚果小,一般不过3克,叶片短小,叶背具星状毛	小乔木,1～2年生能开花结果,能成串结果,坚果多为小型、重0.7～1克,叶片短小,叶背具鳞片状腺点	高大乔木,进入结果期较晚,果枝上结1～5个刺苞不等,坚果单生,圆锥形,叶片较狭长,背面光滑无毛
嫁接板栗后的反应	成活率高,植株树势强壮,寿命长	成活率很高,植株树势较弱,寿命短,干易空心	极难成活	难成活

野板栗砧木与本砧嫁接者比较后,用野板栗为砧木嫁接的树冠小,树势弱,产量低,寿命短。

一、疏花、疏芽、摘心与提高坐果率

第三章 萌芽期至开花期的管理

一、疏花、疏芽、摘心与提高坐果率

板栗从展叶至新梢停长期内,芽轴的伸长、新梢的速生、雌花的形成、雄花序的生长、果前梢及幼蓬的生长发育都要消耗大量养分。因此,控制芽、梢、花、蓬的过量生长,以节约养分,是促成雌花、提高结实率和增加产量的重要措施。

(一)疏 芽

疏芽可以集中养分,有利于抽生结果枝,形成雌花,减少混合花序的败育和调节枝向及枝条分布。其方法为:当芽发绿似花生米大小时,根据着生枝条的强弱,于上部外侧选留4~5个饱满芽,中下部选留2~3个饱满芽,其余全部抹掉。疏芽时要综合运用好"去小留大、去下留上、去里留外、疏密留空"的原则。据对3个品种、55株树3年的调查,疏芽树平均每一结果母枝抽生结果枝比对照树增加0.6条,每一结果枝平均混合花序比对照树增加19.1%,每一混合花序上的雌花簇比对照树增加9.6%,混合花序的败育率,疏芽的比对照降低3.2%(表3-1)。

第三章 萌芽期至开花期的管理

表 3-1 幼树疏芽对抽生结果枝和形成雌花的影响

品 种	处 理	调查株数（株）	平均每母枝抽生结果枝（条）	平均每果枝混合花序（条）	平均每花序雌花簇（个）	混合花序败育率（%）
石 丰	疏芽	23	2.7	1.72	1.50	3.9
	对照	23	2.1	1.40	1.73	7.4
金 丰	疏芽	23	2.6	1.71	1.31	7.2
	对照	23	2.0	1.76	1.25	9.9
红 栗	疏芽	9	2.1	2.01	1.69	5.2
	对照	9	1.5	1.40	1.15	9.5
合 计	疏芽	55	2.5	1.91	1.50	5.4
	对照	55	1.9	1.52	1.39	9.6

(二)幼树摘心

摘心可以提高植株各器官的生理活性,增加营养积累,改变营养物质的运转方向,抑制树体养分大量流入新梢顶端,转运至其他生长点,促进分枝,提高分枝级数,控制树冠高度,促进枝芽充实。

嫁接第一年至第三年的树都要适时摘心。具体方法是:嫁接后第一年5月中旬前后,新梢长至30厘米左右时,进行第一次摘心,摘去顶端1厘米长嫩梢。新生分枝再长至25厘米左右时,再摘心。此后,分枝再长至20厘米左右时再摘,9月下旬至10月上旬摘除新生秋梢。旺树、旺枝每年摘心3~5次,中庸树摘心2~3次。应当特别注意第二年和第三年有许多上年度摘心后的分枝,已经长成结果母枝,必须在雌花出现后确认新梢是发育枝和雄花枝时,再按以上方法摘心。如在雌花出现前就过早摘心,则有可能摘掉雌花。据调查,与对照树比较,摘心树平均冠高矮115厘米,

一、疏花、疏芽、摘心与提高坐果率

单株分枝数量多 4.3 条,第二年结果株率提高 41.4%,第三年平均单株产量提高 3.5 倍。

(三)疏雄花

板栗的雄花量很大。据对成龄树的调查,每平方米树冠有雌花簇 15 个,雄花序 230 条,雌花簇和雄花序的比例约为 1∶15。每个雄花序平均有雄花簇 90 个,雄花 490 朵;每个雄花簇有雌花 3 朵,雌花和雄花的比例为 1∶2 450(1×3∶15×490)。

雄花生长要消耗大量的水分和养分。据河北省科学院生物研究所测定,每个雄花序需要消耗水约 45 毫升,消耗干物质 0.232 3 克。这样,1 株冠径为 4 米、树冠投影面积为 12.6 米^2 的栗树,雄花所消耗的水约 130 升、干物质约 673 克。可见疏雄花就等于多灌水与施肥。

疏雄花的时间一般在 5 月上旬,混合花序已经出现之时。疏雄花的数量,对结果枝上雄花序,应掌握在混合花序下留 1~2 条,其余的疏掉。在保留雄花序时,应掌握树冠上部留 2 条,树冠下部留 1 条,混合花序上的雄花段要保留,雄花枝上的花序全部疏除。这样,保留下来的雄花约有 1 200 朵,去除 15% 的无效花,雌花与雄花的比例约为 1∶300,已足够授粉之用。疏雄花的方法是:低冠树随手摘除,高冠大树踏凳、上树、架梯或在树上绑悬梯摘除均可。据试验,疏雄花后与对照比较,每一结果枝上平均着生的混合花序多 5.9%,每条混合花序上平均着生的雌花簇多 9.5%,混合花序的败育率平均少 27.2%,每 667 米^2 平均产量提高 26.6%,其中山坡、丘陵旱地疏雄花后增产 43.5%,密植丰产园增产 19.4%(表 3-2)。

第三章 板栗萌芽期至开花期的管理

表 3-2 疏雄花对雌花生长及产量的影响

栗园类型	处理	调查株数（株）	调查树品种	每一结果枝平均生混合花序（条）	每条混合花序平均生雌花序（个）	混合花序败育率（%）	每 667 米² 产量（千克）	比率
密植丰产园	疏雄	25	金丰	1.64	1.92	6.9	431	119.4
	对照	25	石丰	1.52	1.66	7.6	359	100
山丘旱地园	疏雄	20	金丰	1.29	1.41	12.2	199	143.5
	对照	20	石丰	1.24	1.30	19.5	139	100
合　计	疏雄	45		1.46	1.62	9.5	314.5	126.6
	对照	45		1.39	1.49	13.05	249.5	100

（四）果前梢摘心

当混合花序（雌花簇）出完并长至 1 厘米左右时，花序后又长出一段新梢。由于幼叶尚不能累积或很少累积营养物质，而需要其他已成熟的叶片供给营养。这样，果前梢的过量生长势必与幼棚的发育争夺营养。在果前梢的 3～5 个嫩叶处摘心后，营养集中，可使嫩叶提早 7 天左右成为能累积营养物质的功能叶，从而促进雌花簇增多和幼蓬的生长发育。据试验，果前梢留 3～5 叶摘心的树，每一结果枝平均结实栗蓬为 2.5 个，比对照（2.27 个）增加 10.1%；空蓬率，处理比对照低 4.65%；平均株产，处理比对照高 11.1%。

二、板栗肥水管理

生长前追肥可以提高结实力。河北省兴隆县在实生大树上试验，5 月 10 日追肥（结合浇水）的结实率为 76.33%，未浇水的对照为33.3%,相差1倍多。

生长前期浇水也可以提高结实力,山东省招远市曾做过浇水试验,水对结实力有重要影响,干旱会导致成蓬率的减少。1979年夏秋,山东省海阳县遇上百年罕有的大旱,致使全县板栗的空蓬率达30%以上。在干旱期间,结合浇水做过叶片光合强度的测定,将其测定结果制成下表(表3-3)。从表中可以看到,干旱的叶片光合强度在一天中始终低于浇水的。光合强度低,制造的营养不足,这是导致成蓬率低、空蓬率高的重要原因之一。

表3-3 浇水对成蓬的影响

项目处理	浇水时期	浇水量(升)	单株蓬数(个)	空蓬率(%)	每平方米投影产量(千克)	枝、芽发育状况
浇水	花期	50	150	5.0	0.75	枝粗、芽胖
对照	0	0	144	42.0	0.40	枝细、芽瘦

三、果园生草

当前我国板栗产业生产面临的一个突出问题,是土壤有机质严重匮乏及由此引发的各种弊端,以至树体早衰减产,果实品质不断下降。理论研究与生产实践均已证明,推行果园生草技术,是解决上述问题的有效途径。它的推行也是发展以园养园生态农业的最佳途径。

果园推行生草制是绿色植物保护技术的重要内容,也是发展可持续农业的重要措施之一。果园生草就是在果园种植对果树生产有益的草,能够持续增加土壤的有机质含量和肥力,保持水土,抑制杂草生长,保护并繁殖害虫天敌,减少果树病虫害的发生,降低生产成本,提高果品的产量和质量。生草栽培已成为果园科学化管理的一项基本内容,有以下益处:一是减少水土流失,保水保

第三章 板栗萌芽期至开花期的管理

肥;提高土壤有机质含量,改善土壤团粒结构,增进地力。白三叶草是果园生草的优良草种,可固定和利用大气中的氮素。据专家测定,4年生草果园全氮、有机质含量分别提高100%和159.9%。果园种植白三叶草可大大降低乃至取代氮肥的投入。生草果园即使不增施有机肥,土壤中腐殖质也可保持在1%以上,而且土壤结构良好;同时,减少了肥料投放,避免了施用有机肥的繁重劳力支出。二是蓄水保墒,提高果园的抗旱能力;调节地温,缩小地表温度变幅;有利于果树根系的生长发育。据测定,3年生草果园,25厘米土层含水量可提高17%,10厘米土层含水量提高26.9%;夏季7~9月份地表温度可降低5℃~7℃,冬季地表温度可增加1℃~3℃,且全年地温比较稳定,不仅减少灌溉投入,而且对根系生长有利。三是果园生态平衡,增强天敌自然控制能力,减少病虫害发生,抑制杂草生长,降低劳动强度。在果园种植紫花苜蓿、白三叶草、夏至草等,形成了有利于天敌而不利于害虫的环境,可充分发挥自然界天敌对害虫的持续控制作用,减少农药用量,是对害虫进行生物防治的一条有效途径。研究表明,种植紫花苜蓿果园,天敌(主要指东亚小花蝽、瓢虫、食蚜蝇、黑食蚜盲蝽)发生高峰提前7~10天,持续时间长,种群密度比常规园增加了2~7倍,仅用1次杀螨剂和2~3次杀虫剂,就可将叶螨、蚜虫和潜叶蝇等害虫控制在经济损失允许水平以下;生草果园蚜虫、叶螨和潜叶蝇的平均虫口密度为40.1头/枝、0.42头雌成螨/叶和0.11头/叶,仅是常规对照园的51.91%、14.29%和27.4%。与常规防治相比,试验园杀虫、杀螨剂用量减少50%以上,生产成本降低25%~30%,每667米^{2}节省药、工费用100多元,并改善了生态环境,可实现以生物防治和农业防治为主的果树害虫可持续治理。四是生草果园土壤养分供给全面,有利于改善果实品质。生草增加了果园土壤有机质的含量,使果树营养供给均衡,可提高果实的抗病性和耐贮性,生理性病害减少,果面洁净,从而提高了果品的质量和档次。

三、果园生草

栽培在果园中的草对草的种类有一定的要求,其主要标准是要求矮秆或匍匐生长,适应性强,耐阴、耐践踏,耗水量较少,与果树无共同的病虫害,能引诱天敌,生育期比较短。草种以白三叶草、紫花苜蓿、田菁等豆科牧草为好。目前以白三叶草最为优越,为果园生草的主导草种。一是播种时间。研究表明,白三叶草最佳播种时间为春、秋2季。春播可在4月初至5月中旬,秋播以9月中旬至10月中旬最为适宜。春播后7月份果园草荒发生前形成优势;秋播可避开果园野生杂草的影响,减少剔除杂草的繁重劳动。二是种植方式。可条播和撒播。试验示范表明,撒播白三叶草种子不易播匀,果园土壤墒情不易控制,出苗不整齐,苗期清除杂草困难,管理难度大,缺苗断垄现象严重,对成坪不利;条播可适当覆草保湿,也可适当补墒,有利于种子萌芽和幼苗生长,极易成坪。条播行距以15~25厘米为宜。土质好、肥沃,又有浇水条件,行距可适当放宽;土壤瘠薄,行距要适当缩小。播种宜浅不宜深,以0.5~1.5厘米为宜。建议白三叶草每667米^{2}果园用种量为0.5~0.75千克。三是肥水管理。白三叶草属豆科植物,自身有固氮能力,但苗期根瘤尚未生成,需补充少量的氮肥,待成坪后只需补充磷、钾肥即可。白三叶草苗期生长缓慢,抗旱性差,应保持土壤湿润,以利于种子萌发和苗期生长。成坪后如遇长期干旱也需适当浇水。四是生草果园的管理。生草初期应注意加强肥水管理。同时浇水后应及时松土,清除野生杂草,尤其是恶性杂草。果园生草应控制其长势。适时刈割,可增加年内草的产量,增加土壤有机质。生草最初几个月,不要刈割,生草当年最多刈割1~2次。一般生草园每年刈割2~4次。刈割要注意留茬高度,原则是不影响果树生长、有利于再生。切记不要齐地面平切,一般以留茬5~10厘米高为宜。刈割下的草覆盖于树盘上。对全园生草的果园,刈割时较麻烦,且费工费力,可每667米^{2}喷洒20%百草枯水剂(600~1000倍液)100毫升代替刈割。百草枯属触杀性除草剂,

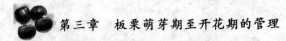

遇土钝化失效,无残留,耐雨水冲刷,用后 0.5 小时内无雨即可达到良好效果。

四、板栗春季高接换头

我国大多板栗主产区采用实生繁殖方法建园,栗园收益迟,从栽植至投产需 9~10 年,产量低,单株间坚果品质和产量差异大,商品性状差,效益低下。这也是我国板栗产区板栗低产的主要原因,通过高接换优改造实生树可以大幅度地提高板栗产量和品质,增加板栗产区的经济收益。

对 3~4 年生的实生幼树,在树冠上高接 3~4 个头,翌年可结苞 20 多个,产量达到 0.5 千克;第三年可结苞 60 多个,每株可多产栗 1 千克,若每 667 米^2 定植 74 株,则每 667 米^2 产 70~90 千克;第四年就进入盛果期。对 10 年生左右的栗树进行高接换种,翌年每 667 米^2 产量可达 150 千克。对中幼树和成龄树,在高接换优时一定要注意高接,使树体的树冠结构尽快恢复,以便早期投产。高接时一定要选择适宜当地生长的优良品种接穗来进行嫁接。

(一)接穗准备

高接换优的接穗可以应用强发育枝,枝条上下均有芽,直径 0.9~2 厘米,也可以用结果枝及其 2 年生基枝。接穗采集也可结合整形修剪,采用结果树上修剪下来的枝条,并适宜在粗桩上嫁接,这种接穗发芽稍晚,但一穗能发出多条旺梢,与发育枝相差无几。

高接换优一般在春季进行,接穗最好通过冬季休眠后剪采,采的接穗应进行蜡封,蜡封好的接穗应放在低温微潮湿处。

(二)嫁接部位

多头高接要充分利用砧株的原有树冠骨架,嫁接后的部分能

四、板栗春季高接换头

尽快形成树冠,早期投产,原则上应接头多一点好。但要注意避免在无效部位或重复部位、重复方向上嫁接。要合理安排接桩的数量、方位、空间,以利于翌年树冠形成,树势迅速恢复,及早投产。对6年生以上的中幼树,接桩最佳直径为3～4厘米。对3～4年生的幼树,应在3～5个主枝上改接,截干适宜高度为加20～40厘米。对干高过高的大树,也可自地面锯掉,在树墩上用插皮接法嫁接一圈接穗。

(三)嫁接方法

高接换优以枝接为主,主要采用劈接、切接及插皮接,但以插皮接成活率最高。

接后一定要注意锯口保湿。蜡封接穗要扎严接口和穗口露肩部分,接穗可裸露。如果高接采用非蜡封接穗,应将接穗、接口全部密封保湿。具体方法是里衬纸筒,外套塑料薄膜筒,内填湿润细沙、细土、锯末等保湿材料。在接穗发芽并顶包时通风,敞开塑料筒顶通风,宜逐步进行,忌一下敞开。至6月中下旬彻底除去塑料筒。保湿对于干燥地区的高接换优尤为重要。

(四)嫁接后管理

嫁接后要依次做好通风、摸砧芽、扶绑摘心、解绑和伤口涂保护剂等管理工作。一定要多留枝芽,防治光腿,促进接口全面愈合。

多头高接,一般在直径3.5厘米以上的接口应插2～3个接穗,应全活全留,促进树体生长,并有利于接口的全面愈合。对于成活的接穗应在新梢长至35～40厘米时进行第一次摘心,发生第二次枝后再摘心。每次摘心会在剪口下形成饱满芽。摘心能促进分枝,并防止饱满芽的外移。摘心形成的基部饱满芽可作为修剪时的剪留芽。结合摘心,应及时除去砧木的萌蘖枝,以免和嫁接枝

第三章 板栗萌芽期至开花期的管理

竞争养分,促进树冠形成。

高接后的新梢茎很幼嫩,容易遭大风危害,往往在接口处折断,所以要认真地做好绑扶工作。当新梢生长至 25～30 厘米时,一定要设防风支柱并绑扶新梢。

高接后除了做好土、肥、水的管理工作,还要注意第一至第二年的整形修剪,以免因放任造成树冠过度空虚、结果部位迅速外移。

第四章 坐果后的管理

一、夏季追肥

追肥也叫补肥。根据生长季节各物候期栗树的需肥情况及时补给所需的营养。追肥以速效肥为主,常用的化肥有尿素、硝酸铵、硫酸铵、过磷酸钙、磷酸二氢钾、磷酸二铵、氮磷钾复合肥、钙镁磷肥、氯化钾等。追肥分为土壤追肥和根外追肥两种方式,土壤追肥是主要的追肥方式。

土壤追肥主要有2次。第一次是新梢急速生长期和雌花继续分化期。这一时期以氮肥为主,可促进雌花花芽分化,增加雄花的数量,并促使枝叶生长旺盛,提高当年的结实率。盛果期大树一般株施尿素或硝酸铵0.5~1千克或人尿肥(腐熟)30千克,开沟追肥,施后结合浇水。试验证明,经过追肥浇水的大树结实率为76.33%,对照仅为33.3%(表4-1)。

第二次是7~9月份栗苞膨大期,这是板栗果实迅速发育以及果肉内干物质积累、果肉质量增加的关键阶段。这时应施速效氮、磷、钾肥,促使果粒大,果肉饱满,同时可促使叶片肥厚、叶色绿、新梢增粗。3~5年生幼龄结果树每株施尿素0.2~0.4千克、磷酸二氢钾0.1~0.3千克。盛果期大树依结果状况,每株施尿素0.5~1.0千克、磷酸二氢钾0.5~0.9千克。

表 4-1 夏、秋追肥对单粒重的影响

处理	100片叶重(克)	结果新梢平均直径(厘米)	平均单粒重(克)
追肥	449.0	0.53	7.53
对照	339.0	0.43	7.43

二、叶面喷肥

根外追肥也叫叶面喷肥。是一种应急和辅助土壤施肥的方法,具有见效快、节省肥料等优点,并且常和病虫害防治结合在一起。叶面喷肥的氮素以尿素为好。尿素属中性,化学性质稳定,与农药混合后对尿素的吸收和农药的药效均无影响,亦不发生药害。

叶面肥的施肥时间应选在空气湿润、没有风的天气,宜在9时以前或16时后进行。忌在中午或干燥多风天气喷施,否则,水分蒸发快,易引起药害。叶面喷布一般喷布在叶的背面。叶面喷肥对于缺水的山区和不便施肥的地区,经济效益非常显著。板栗叶面喷肥的次数和时期如下。

第一次为6月中下旬,叶面喷0.3%~0.5%尿素溶液,也可加5%~10%蔗糖液,并加喷0.1%~0.2%硼砂溶液,可显著提高结实率。

第二次为7月上旬至9月上旬,每隔15~20天喷0.3%~0.5%尿素+0.1%~0.3%磷酸二氢钾溶液1次,可增大单果重,提高产量,并促进花芽继续分化。

第三次为栗子采收后1个月,喷0.3%~0.5%尿素+0.1%~0.3%磷酸二氢钾溶液1次,有利于增加树体营养物质的贮存。

三、板栗病虫害综合防治方法

板栗病虫害防治必须明确防治对象,采取准确有效的防治措施和方法。首先要明确板栗病虫害和天敌的种类。根据栗园病虫害的发生的情况、危害情况和天敌的种群结构,明确主攻方向、制订综合防治方案。

制定主要虫害的防治标准。防治标准是指需要采取措施抑制虫害为害不超过一定水平时的虫口密度。防治标准的高低取决于4个方面:经济允许为害水平;虫害种群的发展速度;天敌对虫害的控制效能;挽回的损失和防治成本的比值。目前,板栗虫害防治多采用经验指标或推断指标。必须采取科学的监测方法、获取准确的监测结果,以确定适当的防治措施。

掌握防治技术方法的作用和条件。要明确各种防治方法对虫害、天敌和果树有哪些影响,掌握其基本规律,使防治措施有机协调地发挥作用。

(一)农业防治技术

农业防治就是根据栗树、病虫害、环境条件三者之间的关系,综合运用一系列农业措施,有目的地对果园生态体系进行管理,创造有利于果树生长发育的环境,促进栗树健壮生长,增强对病虫害的抵抗能力;同时,使环境条件不利于病虫害活动、繁衍生存,从而达到控制病虫害的发生和危害。主要措施如下。

1. 选用优良的抗病虫品种 即脱毒苗木。因地制宜地选用适合当地气候条件、土壤条件的抗病性、抗逆性、丰产性强的经检疫脱毒的无病虫危害的健壮苗木,以减少果树病虫害的发生,减轻对农药的依赖,减少化学防治的次数。

2. 建园时要优先考虑病虫害的预防 要选择合理的栽植密

度和间作物种类;清耕除草、清除转主寄主,减少或铲除果园内外初次和再次侵染来源;搞好果园卫生,清除落叶和杂草、摘除病虫果和虫苞、清除树干粗翘皮,做好四季修剪,减少病虫越冬或栖息场所,进行合理的土壤管理和肥水管理等栽培管理措施,创造一个有利于栗树生长发育、不利于病虫害滋生的环境条件。

(二)生物防治技术

生物防治就是利用生物或微生物代谢产物防治病虫,是综合防治病虫害持续、有效、环保的措施。保护和利用天敌。自然界中天敌对抑制虫害的种群发展起决定性作用。天敌按取食方式可分为捕食性和寄生性2种。保护栗园原有昆虫天敌、补充天敌昆虫,招引和利用鸟类均可有效地抑制虫害的发生。防治中尽可能应用农业、生物以及物理防治措施,合理使用化学农药是保护天敌的有效措施。

利用细菌、真菌、病毒和线虫等病原微生物制成杀虫剂。微生物制剂如苏云金杆菌、白僵菌制剂等与化学农药相比,药效长,对天敌无害,但防治速度较慢,防治时间应适当提前。

应用昆虫信息素,即利用雌蛾腹部末端性外激素腺体分泌的一种气味物质,作为引诱剂,诱杀大量雄蛾,造成雌雄昆虫比例失调,使雌蛾不能繁衍后代,以达到消除害虫的目的。

(三)物理防治技术

物理防治就是根据果树害虫的生活习性,对物理现象不同反应而采取机械方法防治害虫。主要有障碍阻隔法、捕杀法、黑光灯诱杀、性激素诱杀、温汤浸种法等。

(四)植物检疫

植物检疫是一个国家或地区的行政机构,法定禁止或限制危险性病、虫、杂草人为地从一个国家或地区传入或传出，或传入后限制其蔓延的系列规章制度。主要是限制和杜绝通过调运繁殖材料、苗木、果实等而传播病虫害和杂草。

四、营养元素对板栗的作用

板栗树体和果实内含有多种成分，其中氮、磷、钾是3种最重要的成分。

(一)氮

氮素是板栗生长和结果所需的最主要成分。栗树的枝条中含氮0.6%，叶中含氮1%，根中含氮0.6%，果实中含氮0.6%，雄花中含氮2.16%。氮素的吸收从早春根系活动开始，随着发芽、展叶、开花、新梢生长、果实膨大，吸收量逐渐增加，直至采收前还在上升，采收后下降，休眠期停止。研究发现，板栗树体内含氮量的变化呈现明显的规律性。在休眠期至萌芽初期，枝条内含氮量较高，进入生长期后枝条内含氮量逐渐减少，花期含氮量几乎降低至最低值；果实生长期含氮量较稳定，坚果迅速生长期枝内含氮量明显下降，果实采收后含氮量回升。

春季补氮有利于新梢生长、开花、结果及果实发育，提高产量。后期叶片中的氮素会向枝条、树干和根系等贮藏器官转移，树体含氮量升高。但过量施氮会导致枝条徒长、枝条充实和花芽分化。

(二)磷

磷在正常的枝、叶、根、花和果实中的含量分别为0.1%、0.5%、0.4%、0.5%和0.5%。板栗对磷的吸收主要集中在开花期至采收前，吸收多且稳定。板栗枝条内磷的含量变化也是有规律性的。萌芽初期枝条内磷含量最高，生长期开始下降，花期降低

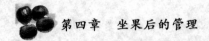

第四章 坐果后的管理

至最低值,花谢后枝条内磷含量上升。板栗枝条中磷含量的下降实质是磷转移到了树体生命活动强的部分,也正是树体吸收磷的季节。缺乏磷元素后花芽分化不良,影响产量和品质,同时树体的抗逆性减弱。

(三)钾

板栗树在萌芽初期枝条内含钾量较高。随着生长期的到来,钾含量逐渐下降。采果前母枝钾含量几乎为零,果实采收后钾含量才开始回升。钾的吸收从开花至果实采收期吸收最多。

钾参与树体新陈代谢、光合作用等生理生化反应。因此,钾能促进新梢和果实成熟,提高果实品质和贮运能力,促进枝条加速生长和机械组织的形成,增强树体的抗逆性。

五、施肥与浇水

施肥是综合管理中的重要环节。如上所述,板栗不仅需要氮、磷、钾3种大量元素,而且需要硼、钼等多种微量元素。

水对果树是起着命脉作用的生态因素,没有水,就没有生命。它是果实生长健壮、高产稳产、连年丰收和长寿的必要物质。肥料的分解,养分的吸收、转运、合成和利用必须在水的参与下才能进行。施肥必须浇水,肥效才能发挥。因此,两者是密不可分的,应当统一运筹,才能取得预期效果。

板栗对肥料的吸收有其自身的特点。栗树从发芽即开始吸收氮素,在新梢停止生长后,果实肥大期吸收量最多;磷素在开花后至9月下旬吸收量稳定,10月份以后几乎停止吸收;钾素在开花前很少吸收,开花后(6月份)迅速增加,果实肥大期达吸收高峰,10月份以后急剧减少。

关于施肥的数量,据日本专家介绍,每生产100千克栗子需氮、磷、钾分别为4千克、6千克、5千克。在日本,每667米² 产量700千克的高产园每年施有机肥4 700千克、鸡粪400千克、化肥130千克;山东省费县实际施氮5.9千克、磷3.9千克、钾7.6千克。

栗树喜湿润,我国北方群众有:"涝收栗子旱收枣"的谚语。特别是密植栗园根量大,根系浅、抗旱性差,必须适时浇水。根据对667米²产量500千克以上的沙壤土栗园观察测定,各生育期的土壤含水量为:萌动期11.5%,雌花分化期10.3%,幼果发育期12.4%,干物质增加期为16.4%。正确的浇水时期不是等栗树已经出现叶片卷曲时才浇水(这是树已经受到不良影响),而是在未受缺水影响时就浇水。

根据栗树生长发育对肥水需求的规律,山东省费城在高产密植栗园施肥与浇水的运筹上,是按"三追、一基、五遍水,另外加半月喷"的模式进行。"三追"是追施花肥、保果接力肥、栗实增重肥;"一基"是秋施基肥;"五遍水"是萌动水、开花水、增重水、养树水、封冻水;"半月喷"是自4月上旬起每隔15天叶面喷肥1次。

六、山坡丘陵地带节水技术

为了节约用水,提高水的利用率和浇水效果,可实行滴灌、渗灌等科学浇水新措施。

(一)滴　灌

即利用塑料管道输水,用机器压力或高处水源落差,将水从水源处输送至栗园,并以滴灌小水流直接浸润土壤达到根系分布层的浇水方法。是一项省工、省水、节能、防止土壤渗漏、效果明显的先进滴灌措施。在干旱山区小水源、地形变化大的栗园更显其优越性。试验证明,在片麻岩分化的沙质土壤及雨量偏低的情况下,

第四章 坐果后的管理

没有滴灌靠自然生长的栗区土壤含水量是田间最大持水量的32.4%或49.1%,生长和结果受到抑制;而采取滴灌区土壤的土壤含水量为田间最大持水量的56.9%或63.4%,板栗生长正常。经测算,滴灌区叶面积增大20.99%,叶厚度增加41.7%,树势旺盛,产量比一般栗园增产91.7%和95.3%。

(二)渗 灌

借助地下管道系统使灌溉水在土壤毛细管的作用下,自下而上的湿润根区的灌溉方法。也称地下灌溉。此法浇水质量好,减少地表蒸发,节省占地,节省水量。

(三)果园灌溉新技术

1. 土壤网灌溉 由一个埋在果树根部含半导体材料的玻璃纤维网为负极,一个埋在深层土壤中由石墨、铁、硅制成的板为正极。当果树需水时,只要给该网通入电流,土壤深层中的水便在电流的作用下,由正极流向负极,被果树吸收利用(由奥地利发明)。

2. 负压差灌溉 将多孔的管道埋入地下,依靠管中的水和土壤产生的负压差进行自动灌溉。这个系统能根据管四周土壤的干湿程度自动调节水量,使土壤湿润程度保持在果树生长最适宜的状态(由日本发明)。

3. 地面浸润灌溉 灌溉时,土壤借助毛细管的吸力自动从设置的含水系统散发器中吸水。当含水量达到饱和程度时,含水系统散发器就会自动停止供水。由于系统含水散发器的流量仅为0.01克/秒,盐分无法以溶液状态存在,使土壤的浸润区变为脱盐的淡水。因此,采用这一系统灌溉可以用含盐水灌溉而不会破坏土壤(由日本发明)。

4. 坡地灌水管灌溉 管长150~200米,管径145毫米,各节管子之间用变径阀连接,保证各段孔口出水均匀,使水从管孔流入坡地的灌水沟中(由俄罗斯发明)。

七、果实膨大期管理

板栗在坚果膨大期,有许多营养物质的合成、运输及转化,需要有充足的水分供应作保证。此期正值高温期,大部分产区为雨季,但蒸发量大。如发生秋季缺水,则直接影响栗实的灌浆,影响果仁的大小与饱满度。只有及时补充水分,才能有效地促进果粒增大,提高板栗的质量和产量。

除以上5次浇水外,在板栗干物质的速增期如遇干旱,土壤含水量达不到合理标准时,也必须浇水,这样对增加产量会有明显的效果。

在长江中下游和南方产区,板栗的整个生长季节多以雨天为主,这时施肥后就不一定必须浇水。降水过多,土壤中缺乏空气时,则迫使根系进行无氧呼吸,积累乙醇使蛋白质凝固,引起根衰以至死亡。因此,应当及时排水,采用明沟排水或地下安装管道用暗管排水。

是否需要浇水,必须依土壤含水量的测定为依据。除使用仪器测定外,也可以用手测法、目测法,判断大体的含水量。板栗园多为沙壤土,用手握紧土团,挤压时土团不易破裂,说明土壤湿度在合理范围内,此时一般不必浇水。如手松开后不能形成土团,就说明土壤湿度太低,需要浇水。

第五章　果实成熟前的管理

一、科学浇水

水是植物细胞的重要成分,在其生活中有着重大的意义。它是植物吸收、运输营养物质和一切生理生化活动功能的媒介。我国板栗产区年降雨量最低495毫米,最高1 900毫米。可见板栗既耐旱,也耐湿润多雨的气候条件。由于自然降水的水分与栗树各个生长阶段对水分需求程度不一致,所以要适时浇水,也要注意适时排水。

北方栗产区经常发生秋伏旱,需要浇水;秋季板栗成熟前需要浇灌浆水。浇水一般结合栗园施肥进行,主要分为以下几个方面。

第一,早春浇水。在发芽前浇水。春季板栗活动开始旺盛的时候,浇水可以促进营养物质的运输和新陈代谢的进行。试验证明,春季浇水可使结果枝增粗,尾枝大芽增多,结实率提高,产量提高。若春季久旱无雨,板栗树当年雌花数量少,而且结果枝上的饱满芽也少,严重影响当年的产量,也影响翌年的结实。因此,在有条件灌溉的地方结合施肥一定要早春浇水;没有条件灌溉的栗园,也要做好早春复垦、覆草,或覆膜保墒(表5-1)。

表5-1　春季浇水对生长发育的影响

处理	品种	母枝上结苞数(个)	平均果枝长(厘米)	平均果实直径(厘米)	平均尾枝芽数量(个)	平均母枝上产量(克)
春季浇水	红栗	4.26	39.6	0.59	3.2	55.2
对照	红栗	3.35	24.0	0.37	1.4	33.1

二、水土保持与整地改土

第二,夏季浇水。6月中下旬幼果膨大时,应结合追肥浇水。此时缺水影响花芽分化和栗实生长,新梢生长也会受到抑制,经常出现枝叶枯黄、枯萎、落果和产生空蓬现象。

第三,秋季浇水。时间在9月初。秋季雨水对栗果的影响比较大,秋旱栗蓬皮厚、栗实小,秋季雨水好则蓬皮薄、栗实大。

第四,秋季和采前浇水可以明显地提高单粒重,提高产量,采前10~20天浇水则单粒重较对照增加约41.5%,每667米² 产量增加95.6%左右。在无浇水条件的地方可于采前10~20天叶面喷水,每隔3天进行1次。

第五,适时浇水。在生产中应根据板栗园的土壤含水量来决定,一般当砾砂土含水量低于9%时,要浇水;也可根据叶片的萎蔫程度来决定浇水,当上午9时左右叶片萎蔫超过1/4时,栗园需浇水。

二、水土保持与整地改土

对一些酸性或碱性过重以及沙性过强或过于黏重的土壤,必须先进行改良,使之适合苗木生长。改良土壤的工作应结合整地进行。

(一)酸性土的改良

土壤酸性过高,会影响有益细菌的活动,降低土壤的肥力;同时,还会产生对植物有害的物质如铝离子,使苗木遭受损伤。所以,必须改良。改良的方法有以下2种。

1. 施用石灰 用石灰中和土壤的酸性。施用量要视酸性强弱决定,一般每公顷用量为4 500~6 000千克。施用石灰时,可与有机肥配合使用。

2. 增施有机肥料 施用有机肥改良土壤结构,可种植绿肥、牧草以增加土壤中的有机质。

(二)盐碱土的改良

土壤中的盐碱含量过高时,会使土壤中溶液的浓度增大,以至植物难以从土壤中吸收水分而枯萎死亡。同时,盐碱中的碳酸钠、碳酸氢钠是有毒物质,能直接对植物造成伤害,影响苗木生长,降低苗木的产量和质量,甚至使育苗失败。改良的方法有以下3种。

1. 采用排灌措施 及时排除土壤中多余的水分,使土壤地下水位下降,以防止盐分上升,而减轻盐碱化。平时要注意浇水量不能过大。

2. 人工洗碱 圃地中出现碱化地带时,可在秋、冬气温低时,用含盐低的水进行人工灌溉洗碱,用水量以淹没地面为度。洗碱后的水,必须挖沟排出,才有效果。

3. 深翻施肥 在盐碱地上耕作时,可逐年加深土层的翻耕深度,将下层含盐碱较少的土翻上来,深翻地要与排水措施结合起来,使下层的盐碱不至于随水上升。同时,施用有机肥可以中和碱性,改良土壤结构。供给植物所需的养分,也是改良盐碱地的一项重要措施。

(三)沙、黏土的改良

1. 增施有机肥料 黏土壤用有机肥料,可使土壤形成团粒结构,改善土壤通风、透水等物理性质;沙地施用有机肥料,可使土壤黏结,增强土壤蓄水保肥能力。

2. 客土法 即在沙土中掺入黏土或在黏土中掺入沙土,以改良土壤,使土壤松紧适度。在北方靠近河流的沙地上,可以利用涨水引泥水淤地,改善沙地土质;南方则可用河泥、塘泥改善沙质土壤。

3. 翻地 如沙地下层为质地较细的土壤,或黏重地的下层为质地较粗土壤,均可深耕翻土,使其混合。

三、中耕除草

中耕除草是栗园管理中的一项重要措施。中耕能把表土和下层土壤之间的毛细管切断,减少土壤中水分蒸发,同时清除栗园中的杂草,减少杂草与栗树之间的养分和水分的竞争;还可以防治病虫害,改善土壤的通气状况。清除的杂草既可作栗园覆盖材料,也可作为有机肥深埋地下。中耕深度一般为10厘米左右。中耕的次数要看降水情况、浇水次数、杂草生长情况和当地的劳力情况而定。一般情况全年中耕除草至少3次。

第一次为5月中旬,这时杂草生长旺盛,同时栗树根系生长正值高峰期之前。中耕除草有利于根系生长发育。

第二次为7月下旬至9月上旬,主要清除杂草,减少杂草对养分、水分的竞争,疏松土壤,蓄水保墒。

第三次为9月上中旬,采收前清洁栗园,便于收获。

四、板栗对其他元素的需要

板栗除了需要氮、磷、钾三要素以外,还需要锰、钙、硼、镁、钼、铁、硫、铜、锌等其他元素。板栗树体内缺少微量元素同样会出现生长不良,甚至出现病态。合理施用微量元素,才能满足板栗正常生长发育。特别是板栗为高锰植物,它的锰含量高于其他果树,对锰的需求比较多。缺锰时叶内失绿严重、呈肋骨状,但叶脉失绿较轻,严重时叶片焦黄或早落。锰参与树体糖类积累和运输,与叶绿素的形成、果实的发育关系密切。

板栗也是喜钙植物,钙促进养分吸收,参与蛋白质的合成,消除或减少有机酸的毒性。硼对板栗的生殖器官有促进作用。含量最高的部位是花,尤其是柱头和子房,可以刺激花粉的萌发和花粉

第五章 果实成熟前的管理

管的伸长,有利于受精过程。硼还能增强树对钙的吸收和利用。在酸性土壤中硼易流失。土壤中速效硼的含量低于 0.4 毫克/千克时,即表现出缺硼症。栗树缺硼表现为受精不良,花而不实,空苞率高;还会影响根系的发育和光合作用。硼是板栗组织正常发育和分化所必需的,缺硼可引起生殖器官的不育和发育不良,从而导致板栗空苞。施硼可以防治空苞。但硼用量过多,也会发生毒害,表现为叶面发皱、叶色发白。

研究土壤中含硼量和空苞率的关系表明,土壤中含速效硼在 0.5/100 万以上时不发生空苞现象;当土壤中速效硼在 0.5/100 万以下时,随着硼含量的降低,空苞率升高。因此采用施硼来防治空苞的发生。

钼存在于生物酶中,是硝酸还原酶的组成部分,能促进植物固氮和光合作用,可以消除酸性土壤中铝在树体内累积而产生的毒害。缺钼的症状类似于缺氮。

五、板栗施肥量的确定

板栗施肥量应根据土壤肥力状况、栗树长势、结果状、树龄、物候期、农业技术措施、肥料种类和利用率等情况而定。一般幼树、旺树可适当少施,大树、弱树应适当多施。板栗树在一年中不同的时期对不同的元素的需要量不同。4~6月份新梢、叶片、花及幼果生长期需氮量最多;磷的需要量在 4~6 月份、在 9 月上旬较高,10月份以后几乎停止吸收;钾元素在开花前很少吸收,开花后(6月份)迅速增加,结果树在 7 月中旬至 9 月初需钾量增大,果实肥大期达吸收高峰,10 月份以后急剧减少。施肥量应以预计的栗实产量为依据。根据板栗丰产林管理经验,参照河南省《板栗丰产林地方标准》,每生产 100 千克板栗,需要氮 3.2 千克、磷 0.76 千克、钾 1.29 千克。氮、磷、钾的施入比例为 4:1:1.6。同时,还要增施其他元素,进行配合施肥。不同树龄、中等土壤肥力的栗园全年施肥量见表5-2。

表5-2 不同树龄、中等土壤肥力的栗园全年施肥量

树龄(年)	产量指标 (千克/667米^2)	肥料种类	年施肥量 (千克)	其中(千克/667米^2)	
				基肥	追肥
1~5	30~100	氮	4.0	2.0	2.0
		磷	1.5	1.0	0.5
		钾	2.0	2.0	
6~10	100~500	氮	6.0	3.0	3.0
		磷	2.0	1.0	1.0
		钾	2.5	1.5	1.0
11年以上	150~200	氮	9.0	4.0	4.0
		磷	2.5	1.5	1.0
		钾	3.0	2.0	1.0

六、板栗的施肥方法

根据板栗的生长特性和结果特性,板栗施肥必须抓住以下几个关键时期。

基肥以有机肥为主。生产中常用厩肥、堆肥、绿肥、炕土等。施用基肥能增加树体储备,促进花芽分化,并有利于雌花的形成。一般施基肥在采果后结合深翻进行。农家肥施入土壤后须经过腐烂分解才能被根系吸收,因此须早施才能发挥肥效。9月份施有机肥(厩肥每667米^{2}施3 000~4 000千克)可以增大单粒重和提高产量(表5-3)。施肥方法主要有条状沟施、环状沟施、放射状沟施和撒施4种(图5-1)。

第五章 果实成熟前的管理

表 5-3 秋季施肥对单粒重和产量的影响

处理	单粒重 (克)	(%)	单株产量 (千克)	(%)
秋季基肥	14.47	129.9	4.13	146.5
对照	11.14	100.0	2.92	100.0

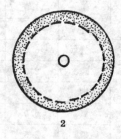

图 5-1 施肥方法示意图
1. 条状沟 2. 环状沟 3. 放射状沟

1. 条状沟 在行间树冠滴水下纵或横开沟,沟深 30～50 厘米,沟宽 30～50 厘米。梯田或水平阶上的树,挖间隔沟,然后施入有机肥,覆土,覆盖面呈凹形,以利于蓄水。

2. 环状沟施 在整个树冠滴水线下挖宽、深各 30 厘米的环状沟,将有机肥施入沟内覆土,覆盖面呈凹斗形,以利于蓄水。挖沟时要避免碰伤大根。

3. 放射状沟施 栗树较大时,宜采用此方法。以树干为圆心,距树干 1 米以外挖放射状沟 4～9 条,放射状沟位逐年错开,有机肥施入后覆土呈凹斗形,以便于蓄水。

4. 撒施 把肥料均匀地撒在树冠以外的地面上,然后深翻入土。这种方法适于密植园和大树稀植使用,一般肥料应较充足。

基肥的施用量应根据树龄大小和结果状况而定。一般株施农家肥 50～100 千克;另外,每生产 1 千克坚果需加施有机肥 5 千克左右,并掺入适量磷、钾肥。

七、病虫害防治

(一)剪枝象

1. 分布及为害 该虫分布在河南、陕西、山东、河北、辽宁、江西、福建等地。为害板栗、锥栗、毛栗、栓皮栗、麻栗、蒙古栗等。成虫咬断嫩果枝,引起大量栗苞落地,一般为害轻的减产10%~20%,为害重的达50%以上。

2. 生活习性 1年发生1代,以老龄幼虫在土壤中越冬。入土1~3厘米深做土室。翌年5月上旬化蛹,6月上旬羽化出土交尾产卵,卵期5~9天,幼虫9月份开始脱果入土过冬(图5-2)。

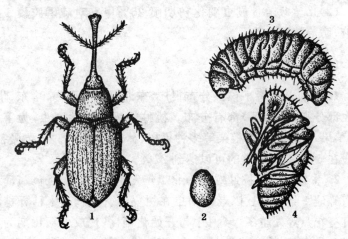

图5-2 剪枝象
1. 成虫 2. 卵 3. 幼虫 4. 蛹

成虫羽化后,白天上树取食板栗、毛栗、锥栗等的雄花序、嫩栗

第五章 果实成熟前的管理

苞,补充营养,6~10天后交尾,2~3天后开始在栗苞上蛀孔产卵,成虫产卵时选一嫩果枝,在栗苞下2~6厘米处,用头管前端口器把果枝上面咬断,仅留下表皮,果枝悬空中,然后爬到栗苞上蛀孔产卵,再爬到果枝剪折处咬断,致使果枝落地。每个栗苞只产1粒卵。每头雌虫可产卵30~40粒,可咬断果枝30多个。成虫有假死性,飞翔能力不强,成虫寿命10~20天。雌雄比为1.95∶1。

卵在落地栗苞中孵化,幼虫取食栗实40余天老熟脱果。产卵过早栗实营养不足,幼虫多死亡。落地栗苞经过日晒含水量降到15%。栗苞干燥15天以上,幼虫90%死亡。降水多、湿度大的地方为害严重。

3. 防治方法

(1)农业防治 6~7月份,拾净落地栗苞集中烧毁,消灭幼虫。秋、冬季深翻栗园土壤,破坏幼虫土室,消灭越冬幼虫。

(2)化学防治 成虫羽化初期喷25%甲基对硫磷胶囊1 500倍液,防治效果显著。

(二)桃蛀螟

1. 分布及为害 该虫分布很广,东北、西北、西南、华东、华中的大部分省(自治区)都有分布。桃蛀螟为杂食性害虫,为害桃、梨、苹果、枇杷、石榴、板栗等多种果树、林木、农作物。板栗受害率一般在5%左右,严重的可以达到27%。

2. 生活习性 桃蛀螟在华北1年发生2代,长江流域、河南、陕南等地1年4代。以老龄幼虫在树皮缝、树洞、玉米秸秆穗轴、向日葵花盘等处越冬。4月中旬开始化蛹,各代成虫羽化期为:越冬代5月中旬,第一代7月中旬,第二代9月上旬,第三代9月中下旬,第四代10月中旬。卵期6~9天,幼虫期12~19天,越冬代240余天,蛹期9~19天,成虫寿命5~14天。5~9月份世代不整齐,几乎随时都能见到成虫。8~9月份桃蛀螟飞迁板栗园,卵产

七、病虫害防治

于栗苞刺间，以2个栗苞相靠的针刺束间产卵较多，初孵化幼虫蛀入栗苞后，先在苞皮与栗实之间蛀食，并排出少量褐色虫粪。幼虫稍大即入栗实为害，蛀入孔大，孔外排出虫粪，1头幼虫可转移为害2～5个栗实(图5-3)。

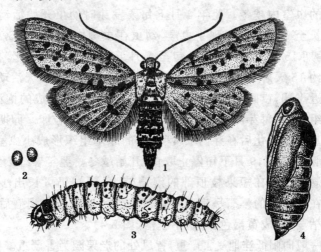

图5-3 桃蛀螟
1. 成虫 2. 卵 3. 幼虫 4. 蛹

成虫多在19～22时羽化，白天在叶背静伏，夜间活动取食花蜜补充营养，对糖醋液、灯光有趋性，21～22时产卵。

3. 防治方法

(1)农业防治　板栗园尽量不与桃、梨、石榴混栽或近距离建园。

(2)诱杀成虫　栗苞采收堆积期，喷90%晶体敌百虫1 000倍液，随喷药拌均匀，堆积后外面用塑料薄膜覆盖2～3天，或用磷化铝片熏蒸，可以消灭大量桃蛀螟幼虫，减少对栗实的为害。

(三)栗瘿蜂

1. 分布及为害　栗瘿蜂分布在河北、河南、山东、陕西、山西、

第五章 果实成熟前的管理

江苏、湖北、浙江、四川、云南等省。寄主有板栗、毛栗、锥栗。幼虫为害栗树的芽、叶和嫩梢,形成虫瘿,不能抽枝开花,叶片变小畸形,受害严重时,30%以上的嫩梢枯死,减产很大。

2. 生活习性 栗瘿蜂1年发生1代。以初龄幼虫在芽组织形成的虫室内越冬。翌年4月上旬栗发芽时幼虫开始活动取食。新梢长至1厘米时出现小虫瘿,幼虫在虫瘿内为害,5~6月份化蛹,蛹期15天左右。6月上旬至7月下旬成虫继续羽化,在虫瘿滞留约15天后羽化出瘿。成虫寿命3~7天,成虫白天活动,在树冠附近飞翔,夜间栖息在叶背面。卵多产在当年形成的饱满芽内柔嫩组织中,每芽可产卵1~10粒,一般为2~3粒卵。卵期15天左右。幼虫孵化后在芽内取食叶、花的原基组织形成小虫室,1虫1室,隔离寄居,9月下旬停止取食,开始越冬。翌年春继续为害形成瘿瘤。一般在短果枝顶部的瘿瘤较大,顶端仍可长出小型叶。生长在叶主脉的瘿瘤呈扁圆形,表面光滑,成虫脱出瘿瘤后,瘿瘤逐渐枯萎、变成黄褐色,冬季不脱落(图5-4)。

一般向阳低洼地受害严重,背风处的老栗园为害严重。成虫期降雨的多寡和持续天数,是影响其严重程度的主要因素。此期连续降雨,使虫瘿含水量增高,成虫自蛹室咬孔外出时,常被水浸透死于羽化虫道或虫孔内;已出孔的成虫也常因两翅被雨水浸湿而死亡。降雨强度大,成虫死亡多,当年和翌年虫害发生轻。风对成虫的传播有一定的影响。风向对成虫的迁飞扩散有很大的影响,成虫飞翔时如有大风,成虫会顺着风向传播到下风处,使下风处虫口密度增加。同一植株上树冠内膛枝受害重,树冠上部枝条受害轻。

3. 防治方法

(1)农业防治 5月份栗瘿大量形成期,摘除新生虫瘿丢在林地内,有利于天敌繁殖。对受害严重的衰老树、放任树,实行强度修剪,打开天窗,改善通风透光条件,以减少虫害。

(2)生物防治 早春大量采集瘿瘤,装在纱笼内,挂在栗园中,

七、病虫害防治

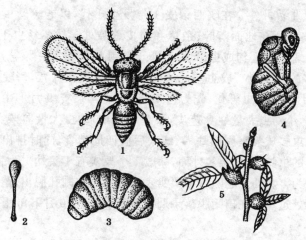

图 5-4 栗瘿蜂
1. 成虫 2. 卵 3. 幼虫 4. 蛹 5. 被害状

栗瘿长尾小蜂等寄生蜂羽化飞出纱笼,在栗瘿蜂幼虫体内产卵,可控制栗瘿蜂的为害。

(3) 化学防治 9月下旬至10月下旬,喷17%久效磷乳油100~150倍液杀死越冬幼虫。成虫羽化期喷90%敌敌畏乳油或40%乐果乳油2 000倍液,杀死成虫。树干涂刷药剂,3月下旬栗芽发红开始膨大时,用斧子在便于操作的部位砍去1/4~1/3宽的树皮,长40厘米,深达组织,再用刀刮平,在伤口上涂内吸性杀虫剂40%乐果乳油原液,可以杀死越冬幼虫。

(四)栗黑小卷蛾

1. 分布及为害 栗黑小卷蛾,广泛分布于河北、山西、山西、江苏、安徽等地。幼虫为害板栗、毛栗、山毛榉等树的果实,咬伤苞梗,引起落苞,也是板栗的主要害虫之一。还有栗白小卷蛾分布在陕西、甘肃。栗绿小卷蛾分布于辽宁。

第五章 果实成熟前的管理

2. 生活习性 在陕西镇安1年发生1代,以老龄幼虫结茧过冬,越冬场所在地面落叶、杂草和树皮缝隙处。越冬幼虫于翌年6月份化蛹,7月上旬成虫出现,产卵于苞刺上,一般每一栗苞产卵1~2粒,多的3~4粒,成虫弱趋光性。白天潜伏在叶背,傍晚交尾产卵。7月下旬幼虫孵化,先为害栗苞,后蛀入果实,9月上中旬板栗采收期,小幼虫大量蛀食苞皮,栗苞堆集期,幼虫大量向栗实蛀食,为害幼虫多从栗座周围蛀入,蛀入后向四周啃食,同时排出圆柱状灰白色的虫粪,堆集栗实外面,一般1个栗实有1头幼虫为害,少数有2头为害。幼虫老熟后将栗实表皮咬成不规则孔脱出,落入地面落叶等处过冬。在田间脱落果期为9月下旬至10月下旬(图5-5)。

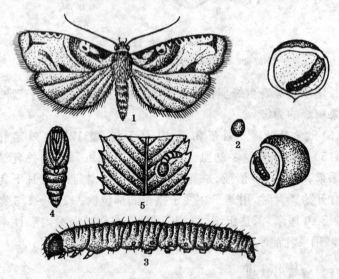

图5-5 栗黑小卷蛾
1.成虫 2.卵 3.幼虫 4.蛹 5.被害状

3. 防治方法

(1)农业防治 及时采收,拾净落苞,冬季彻底清扫栗园的枯枝落叶、杂草等覆盖物,集中烧毁,消灭越冬幼虫。

(2)**药剂防治** 7月下旬至9月中旬结合防治栗实象,注意将药喷到栗苞上,消灭入果前的幼虫。栗苞堆集期,及时喷50%敌敌畏乳油1000～1500倍液,且边喷药边用铁锨翻匀,然后用塑料膜覆盖四周压土49小时,熏杀幼虫。

(五)栗皮夜蛾

1.分布及为害 栗皮夜蛾主要分布在山东、河南等省。河南南部受害严重的地区常造成板栗绝收。

2.生活习性 在山东临沂地区1年发生2代,河南信阳地区1年发生3代。以蛹在落地栗苞刺束间的茧内越冬。翌年5月上旬成虫开始羽化,5月中下旬产卵,5月下旬卵孵化,6月中下旬是为害盛期,6月下旬至7月中旬是化蛹盛期,7月上旬第一代成虫羽化并产卵,7月中下旬幼虫孵化为害,9月中下旬化蛹;9月上旬第二代成虫羽化、产卵,9月中下旬幼虫孵化为害,10月中旬后,幼虫结茧化蛹越冬(图5-6)。

栗皮夜蛾多在15～22时活动,有趋光性,成虫寿命3～6天,第一代卵产于栗苞刺束间。幼虫取食苞刺及苞皮,三龄后蛀食栗实,粪便堆集蛀入孔外,受害栗苞刺变黄干枯,幼虫转害2～5个栗苞后老熟,老熟幼虫爬出栗实在苞梗刺束粪便堆积处吐丝结茧化蛹。继续发生第二代、第三代。

气候干旱对成虫羽化不利。山区中下部栗园受害严重,山上部栗园轻,纯栗林比混交林、散生树受害重,矮冠树比高干树受害重,树冠中部比树冠上部受害重。

3.防治方法

(1)**人工防治** 板栗采收前(9月上旬)拣拾净落地栗苞,集中烧毁,减少越冬虫源。

(2)**化学防治** 根据测报,在各代幼虫三龄以前尚未蛀入栗苞

第五章 果实成熟前的管理

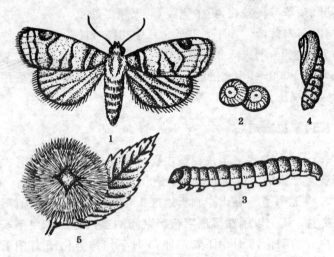

图 5-6 栗皮夜蛾
1. 成虫 2. 卵 3. 幼虫 4. 蛹 5. 被害状

时,喷 40%敌敌畏乳油或 90%晶体敌百虫 1 000 倍液,消灭幼虫。

(六)栎粉舟蛾

1. 分布及为害 该虫主要分布于辽宁、河南、河北、山西、陕西等栗产区。寄主有板栗、茅栗、锥栗、核桃、苹果、栎类等。幼虫蚕食叶片,1993 年 7~9 月份丹凤、商南 9 个乡大发生,每平方米最多有幼虫 250 头。1996 年河南西峡县 5 个乡大发生,吃光了许多板栗、核桃树叶片,损失严重。

2. 生活习性 栎粉舟蛾 1 年发生 1 代,以蛹在土壤中越冬。翌年 6 月下旬过冬蛹开始羽化,一直延续至 9 月中旬,7 月下旬为羽化高峰期。成虫羽化后即交尾产卵,每一雌虫产卵 130~307 粒,卵期 4~6 天。9 月上旬为幼虫孵化盛期,幼虫为害 40~50 天,蜕 5 次皮。幼虫初期常群集为害,蚕食叶片,三龄以后分散取食,将一株树叶片食光后,又集体转移爬迁至另一株树上取食。9

七、病虫害防治

月下旬幼虫老熟陆续下树入土化蛹过冬(图5-7)。

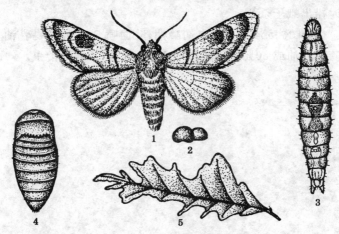

图5-7 栎粉舟蛾
1. 成虫 2. 卵 3. 幼虫 4. 蛹 5. 被害状

成虫有很强的趋光性,自19时至翌日2时飞向灯光,24时为上灯数量最高峰,1个200瓦的黑光灯1夜可诱虫数千头,400瓦的黑光灯可诱虫10万头。当1个黑光灯1夜能诱到100头虫子时,即发出情报,进行查卵、查幼虫,注意防治。

栎粉舟蛾的天敌有20余种,其中舟蛾赤眼蜂、舟蛾绒茧蜂、寄生蝇、微苞子虫和细菌的寄生率达72%以上,天敌是控制栎粉舟蛾大发生的关键因素,一旦天敌受到杀伤,栎粉舟蛾常突然大发生,为害成灾。一个地方栎粉舟蛾大发生,常持续1~3年大发生为害。一定要做好监测预防工作。

3. 防治方法

(1)人工捕杀 一旦栎粉舟蛾大发生,可组织劳力振树,幼虫落地,用竹扫帚捕杀。

(2)黑光灯诱杀 安装200瓦的黑光灯,四周装挡虫板,下放

第五章 果实成熟前的管理

水盆,装满水(水中放少许洗衣粉)捕杀成虫,当诱蛾占满水面时,及时捞出蛾子杀死。

(3)化学防治 在幼虫幼龄期,叶面喷50%敌敌畏乳油、50%辛硫磷乳油或50%硫磷乳油等1 000倍液,杀死幼龄虫。

第六章 采收、分级、包装

一、板栗采收

(一) 采收期的确定

板栗成熟的标志是：栗蓬呈黄色，蓬顶裂成"十"字形，栗果褐色有光泽。板栗的采收期因品种而异，一般早熟品种9月上旬采收，当刺苞由绿色变成黄褐色并有30%～40%刺苞顶端已微呈"十"字形开裂时采收较合适。耐贮藏的中晚熟品种，9月下旬至10月下旬采收较好。阴雨天气以及雨后初晴和有晨雾的时候不要采收。

(二) 采收方法

一般用自然落果采收法。栗子成熟后，总苞（栗蓬棱）开裂，果实可自然落下，每日早晨拾取。这样采收，果肉充实饱满，可提高产量，耐久藏，但采收期长。用打落的方法，则可一次完成采收任务。即总苞大部分变为黄褐色、有部分总苞开裂时，用木杆轻轻打落。采收后将总苞堆积覆盖，干燥时随时洒水。数日后总苞全部开裂，取出果实。以上2种采收方法可结合应用，一株树上，早熟的用自然落果采收，晚熟的可打落采收，这样可缩短采收期。自然落果采收必须在栗子成熟前于株行间"刨树场"，铲除杂草，平整土地，这样落下来的栗子不致丢失，容易捡拾。

第六章 采收、分级及包装

捡拾务必要及时。据试验,将刚刚捡拾采收的含水量为49%的栗实,置于室外温度16℃～24℃、空气相对湿度60%左右的条件下,第二天失重9.9%,第四天失重13%,第六天失重19%,第八天失重23%,第十天失重27%。板栗容易蒸发失水,与其种皮的结构有关。栗子种皮在显微镜下观察为多孔多纤维结构,表面没有蜡质,水分容易扩散。同时,失水后再复水仍可吸水增至原状,但极易腐烂。

对受自然条件限制而确实无法落地捡拾的少量大树,可分期采收。即每次只将已开裂的栗蓬轻轻收下。放到背阴通风的地方堆放暂贮,堆放高度不超过40厘米,上面覆草、防晒,并喷水防干。后熟3～5天,及时取出栗实。取栗实时手戴橡皮手套外套皮手套的双层手套,将栗棚剥开,将栗实取出。

(三)不科学采收方法及其危害

在我国各板栗产区中的许多产地,至今沿用着一些不科学的采收与脱粒方法,使丰产的板栗不能获得丰收。

1. 尚未完熟就一次打落 一棵栗树或一片栗园,只有少数栗蓬开裂,或刚刚由绿变黄,此时离全树果实完熟一般还需7～10天,就将栗蓬一次打落,这样做所造成的损失是多方面的。

(1)降低产量 试验已证明,采收前10天果实增重50.7%,而越是接近完熟越是急增。一个园内,品种之间成熟期有早有晚;一棵树上,外围与内膛,阳面与阴面,成熟也不一致。把未成熟的栗蓬强行打落,就等于人为地断绝了从叶片供给栗果的营养成分,违反了栗实发育的自然规律,减产幅度一般为20%～40%。

(2)降低品质 采收未完熟的栗子,其果皮、果仁都未充分成熟,不耐高温、高湿和风吹,经时变化快,急速收缩,使硬外皮与栗仁之间造成空隙,硬皮变软,栗仁收缩变小。这种栗子很快变成风干栗,水洗时多变为漂浮栗,风味降低,极易霉烂。

(3)造成翌年减产　板栗收后至落叶一般还有 50 天左右,正是合成多种养分并积累为翌年发芽、枝叶生长、开花所用。据试验,在采收时,摘除 1/2 的叶片,翌年减产 70% 左右,摘除 1/4 的叶片减产 30% 左右。采用一次打落法,必定会伤及叶片和枝条。在调查中曾见到过 42% 的结果母枝被打断,49% 的树冠外围叶片被打落或被打成破裂的残叶,严重影响翌年的产量。

2. 栗棚大量堆积,敲击脱粒　目前,对采收后的栗棚,许多栗农习惯采用坑式堆积和平地堆积 2 种方法。就是将成熟程度各异的栗蓬堆积保湿,上盖柴草,定期洒水,促蓬后熟,使栗实脱蓬。有的堆积厚度高达 1 米,堆积时间长达 15 天以上。然后再用木棍敲打或脚踏脱粒。在经常洒水时,要做到使每个栗蓬都能湿润而又不使栗实渍水是不可能的。往往出现上部干燥,中下部分渍水变质的现象。

采收后的栗蓬和栗实仍然进行着呼吸作用,其呼吸强度随温度升高而加强。北方产区采收期的平均温度为 20℃ 左右。据测定,温度为 20℃ 时,栗实呼吸强度为 47 毫克二氧化碳/千克·小时。而发生霉烂的栗子,其呼吸强度更高,大约是正常栗子的 4 倍。呼吸作用会放出呼吸热,在 20℃ 常温下 1 吨板栗每 24 小时产生大约 9 373 千焦的呼吸热。这些热量如不能及时排出,堆内温度可高达 50℃ 以上,使胚芽坏死,子叶变质,导致果实劣变。棍棒敲打和脚踏脱粒,又容易造成栗实局部机械损伤,易招病菌感染而腐烂。据试验,一次打落后又大量堆积贮藏 5 个月的栗实腐烂率达 59.1%。

二、板栗分级与处理

1989 年《中华人民共和国国家标准(GB—10475·89)板栗等级标准》颁布实施(表 6-1)。

第六章 采收、分级及包装

表6-1 板栗等级标准

等级	千克粒重	外观	缺陷
优等品	果粒均匀,小果型每千克不超过160粒,大果型每千克不超过60粒	果实成熟饱满,具有本品种成熟时应有的特征,果面洁净	无霉烂,无虫蛀,无杂质。风干、裂嘴果2项不超过10%
一等品	果粒均匀,小果型每千克不超过190粒,大果型每千克不超过100粒	果实成熟饱满,具有本品种成熟时应有的特征,果面洁净	无霉烂,无杂质。虫蛀、风干、裂嘴果3项不超过3%
合格品	果粒均匀,小果型每千克不超过200粒,大果型每千克不超过160粒	果实成熟饱满,具有本品种成熟时应有的特征,果面洁净	无杂质。霉烂、虫蛀、风干、裂嘴果4项不超过5%,其中霉烂不超过1%

(一)采收后处理

带外壳的板栗采收后,经过一段贮存才能剥壳出售。贮存阶段必须抓好4个技术环节。

1. 浸药 将板栗装入筐内,置于0.2%晶体敌百虫药液内,浸泡5~7分钟,然后提出来倒入大堆。药液严禁使用1605、敌敌畏等剧毒农药,以确保消费者健康。

2. 堆积 板栗堆积过厚,容易造成霉烂;过薄则造成风干,影响口感。堆积的最佳厚度应为50~60厘米,呈圆台形。堆积的地点要选择地势平坦的背阴处。

3. 覆草 板栗堆好后,表面要盖一层青草,厚4~6厘米,这样不仅可保持板栗原有的色泽,而且能保持栗堆的温度,使板栗外

二、板栗分级与处理

壳自然裂开,为剥出栗子打好基础。

4. 保湿 每隔4~5天向栗堆泼1次水,泼水要均匀、缓慢,让水充分渗入栗堆。每次泼水量以每立方米板栗500升水为宜,使用的水应是无污染的井水或自来水。

(二)贮前处理

板栗向来有干果之王的称誉,具有补脾健胃等药效,也是制作各种食品糕点的好原料。但板栗在贮藏时失水会造成干烂,湿度过大又会造成霉烂,应使用科学的方法进行贮藏。

采收后栗苞温度高、水分多、呼吸强度大,不可大量集中堆放。可选阴凉通风场所,将栗苞摊成50~100厘米厚的薄层。堆上盖少许杂草等物,每隔5米左右插一竹竿,以利于通风降温和散失部分水分。堆放7天后将板栗从栗苞中取出,剔除病虫果及等外果,将好果入室内阴凉处摊晾,3~5天后便可入贮。

注意:一是堆放时间不宜过长以防腐烂;二是摊晾过程中应避免板栗风干失水。

(三)防虫处理

1. 熏蒸 在10米^{3}房间用2~5千克二氧化硫或0.5千克溴甲烷或19克52%磷化铝熏蒸24小时。将栗果装入麻袋内,放入密闭室,用溴甲烷(浓度为40~60克/米^3)熏蒸4小时,杀虫率可达96%。

2. 温水浸杀 用50℃~55℃温水浸果15~30分钟,或90℃热水浸10~30秒,杀虫率可达90%以上。

3. 浸水 将板栗放入容器内,用清水浸没,每日换1次水,5~7天害虫窒息而死。

4. 密闭 在密闭室内,以100米^{3}用1.5千克二氧化碳的比例密闭19~29小时。防虫处理用二硫化碳熏蒸,用量为50克/

第六章 采收、分级及包装

米³。在密闭的箱、坛或房间中熏蒸 19～24 小时。

5. 低氧处理 将栗果放入塑料袋内,充入氮气替代部分氧气,当氧气浓度降至 3%～5% 时密闭。4 天后栗果内的害虫可全部死亡。

6. 辐照 用钴 α-射线辐照。

(四)防腐处理

1. 盐浸 将板栗在 15℃ 清水中浸 5 天或用食盐水浸洗。

2. 药物处理 0.1% 高锰酸钾溶液浸果 1～2 分钟,或 0.01% 高锰酸钾和 0.125% 敌百虫混合液浸果 1～2 分钟,或 1.5% 亚硫酸钠溶液浸果 36 小时,或甲基硫菌灵 500 倍液浸果 5 分钟,也可用 1% 醋酸浸泡 1 分钟。

3. 其他处理 用 90%～95% 二氧化碳气体或热空气处理,效果较理想;用虫胶涂料浸涂、打蜡,可减轻腐烂;用 100～1 000 千拉德 γ 射线辐射盘可灭菌消毒。防腐处理用 500 毫克/千克 2,4-D 或 200 毫克/千克甲基硫菌灵溶液浸果 3 分钟,可起到良好的防腐效果。

(五)保湿处理

将用竹篓装好的板栗连篓放入清水池中浸洗 2 分钟,搅动几下,捞出漂浮果,稍沥水即可贮藏。贮藏前期再用清水浸洗 4～5 次。水池中的水脏了要换清水。

(六)防止发芽处理

1. 药剂处理 采用青鲜素 1 000 毫克/千克或萘乙酸 1 000 毫克/千克,可抑制发芽。

2. 涂膜或打蜡处理 方法是果实上涂一层薄膜,使发芽孔受封,隔绝空气,抑制发芽。打蜡的效果相同。

3. 气调处理 将果实置于高浓度二氧化碳(15%)环境中一段时间,或采用5%二氧化碳和3%～5%低氧贮藏,也可抑制栗果发芽。

4. 辐射处理 在采收50～60天后用α射线照射,可抑制发芽。

5. 盐水处理 贮前及贮藏期间,栗果在2%食盐+2%碳酸钠混合溶液中浸泡1分钟,有明显的抑芽效果。采收后及整个贮藏期内一直将栗果置于温度1℃～3℃、空气相对湿度40%～95%的环境中,发芽很少。

三、板栗包装与标识

(一)包 装

成熟的板栗含水率为17%～50%,结冰点在－30℃。板栗采摘后在常温下生理活性强,20℃时呼吸热高达460千焦/吨。因此,板栗属于易腐果品,铁路运输部门也将其列入鲜活货的运输范围。板栗在贮藏期间发生变质、腐烂的主要诱因是自身的呼吸,贮藏环境中的温度、气体成分、湿度,以及微生物的侵害。

板栗的呼吸作用越旺盛,各种生理过程进行得越快,采收后贮藏的寿命就越短。板栗的呼吸也和其他果蔬一样,分有氧呼吸和无氧呼吸。有氧呼吸是从空气中吸收氧,将糖、有机酸、淀粉及其他物质氧化分解为二氧化碳和水,同时放出能量(大量的热),这就是板栗贮存中发热变霉的原因之一。而无氧呼吸释放的能量比有氧呼吸少,但在无氧呼吸过程中产生大量的乙醇和乙醛及其他有害物质会在细胞中积累,并输导到其他组织中去,使细胞中毒,因此,我们在包装过程中既要设法抑制呼吸,又不可过分抑制,应该在保持产品正常生命前提下,尽量使呼吸作用进行得缓慢些。

第六章 采收、分级及包装

温度是影响板栗贮藏寿命的重要因素。温度升高板栗的呼吸会加快,既会引起呼吸的量变,还会引起呼吸的质变。另外,贮藏环境温度波动大会刺激板栗水解酶的活性,促进呼吸,增加消耗,缩短贮藏时间。

包装环境内的气体成分也会影响板栗的贮藏效果,如氧、二氧化碳、氮、乙烯气体等。如适当降低氧浓度,提高二氧化碳浓度,可抑制呼吸,但又不会干扰正常的代谢。当氧浓度低于2%时,有可能产生无氧呼吸,乙醇、乙醛会大量积累,造成缺氧伤害。

一般而言,湿度低有利于保鲜。但对于板栗而言,由于板栗本身含水率较低,因而板栗贮藏要求有较高的相对湿度(空气相对湿度应为90%)。

微生物对板栗贮藏影响也很大,它是导致贮藏板栗腐烂的主要原因之一。微生物主要通过气流传播,它的存在和滋生与湿度、温度、气体成分密切相关。因此,板栗的贮藏场地、空间和包装,以及板栗实体必须做好灭菌工作,特别要选择有效实用的杀菌剂。

板栗防霉保鲜可以配制一种以聚乙烯醇为基质的保湿保鲜剂。用法有2种:一是将该保湿保鲜剂用90℃热水按1%的比例溶于水,得到1%的板栗保鲜液,然后用该保鲜液浸泡精选后的板栗20～30分钟,捞出晾干水分。保湿保鲜剂溶于水时,必须均匀地缓慢搅拌,待保湿保鲜剂全部溶解后再将板栗倒入保鲜液中。板栗在保鲜液中也要轻轻搅拌,使其表面均能吸附保鲜液,并在表面形成一层保鲜膜。板栗浸泡30分钟后捞出晾干,然后装箱或装袋。装箱方式是用瓦楞纸箱,一层板栗铺好后再盖上一层瓦楞纸板,依次使纸箱装满,每箱重5～10千克。然后封箱常温保存。这样便可安全存放保鲜达3～5个月。好果率均在95%以上,而每500克板栗成本增加不到0.1元。如果用塑料袋包装时,袋中应放入发泡可发性聚苯乙烯(EPS)塑料泡沫碎片(颗粒),塑料袋应开有孔,孔面积占袋面的30%。二是用前述的保湿保鲜剂分别浸泡板栗和锯木屑。浸泡液的浓度仍为1%。板栗浸泡20~30分钟后捞出晾干。而锯木屑在浸泡液中浸泡20分钟后捞起,使之含水率为70%,然后一层锯木屑一层板栗,以这种方式装入竹筐中,每筐20千克为宜。放于室内常温保贮。该法保鲜效果很好,其成本也很低,每500克也不到0.1元,而且便于管理。贮藏6个月左右基本不烂、不失水、不发芽。

上述两种防霉保鲜包装方法不需特殊的设备和条件,方法简单,也不需要降温设施,很适宜在产区产地采用。而保湿保鲜剂属于粉状,用热水溶解便可使用,易于掌握,效果良好,很有推广和应用价值。

(二)包装标志

多数人不注意包装标志,认为只要产品、质量过关即可销售。其实不然。产品的包装标志很重要,它就像产品的身份证,可以清楚、明确地表明产品的主要特征。包装标志主要包括:产地、品种、规格、重量、生产日期、注意事项和产品介绍。良好的包装标志可以提高产品的知名度。

四、板栗运输

(一)影响板栗贮运保鲜的主要因素

板栗的贮运保鲜同栽培、采收同样重要。栗子虽属于坚果类种子,人们习惯称为干果,其实它不像核桃、银杏那样含水量小,易于贮藏。准确地说,板栗应当是干鲜果,它需要鲜贮。在贮藏的过程中怕热、怕干、怕冻、怕过快发芽。

鲜栗的果肉含水约50%,还有糖、淀粉、蛋白质、脂肪、氨基酸及多种维生素和矿物质。这些营养成分是多种致病菌的良好培养

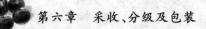
第六章 采收、分级及包装

基。北京农业大学陈延照教授,1990年曾在病栗中分离到青霉菌、镰刀菌、裂褶菌、木霉菌、毛孢菌、红粉霉菌、轮枝菌、黄曲霉、黑曲霉等30余种致病菌。栗顶尖裂口及种皮的多孔纤维状结构都是病菌入侵的"门户"。如前所述,错误的采收、堆积与脱粒方式,都会造成呼吸异常,贮温升高,致腐败菌侵入、繁殖,轻则消耗大量糖类干物质,使品质下降,重则导致果实腐烂。

(二)保鲜运输的目标

板栗贮藏期约170天,大致分为3个时期:一是危险期。采收至10月下旬,约45天。二是稳定期。11月上旬至翌年2月上旬,约95天。三是发芽期。2月上旬至播种,约30天。

贮运中的板栗在各时期内的生命变化是不一样的。因此,根据板栗采收后的生理特性,采用合理的贮藏手段,调控贮运环境的温度和湿度,以控制板栗的生命变化的过程,保持新鲜板栗的优良特性和营养物质,是贮运的根本目标。

五、板栗贮藏

板栗的特点是怕热、怕干、怕水,怕在贮运期间条件不当引起失重、发芽、虫蛀、腐烂变质(黑嘴)。一般以中晚熟品种较耐贮藏,如油栗、羊毛栗等较耐贮藏。

(一)贮藏的适宜条件

通常最适宜贮藏的温度为1℃～14℃,最低不能低于-3℃,温度过高会生霉变质,温度过低则会造成冷害。贮藏环境要求湿润但不可太湿,一般空气相对湿度为90%～95%,气体成分以10%二氧化碳和3%氧为好。一般贮藏环境中氧的浓度低于1%～2%时,许多产品产生无氧呼吸,造成代谢失调,发生低氧伤害。

(二)贮藏中的常见病虫害

为害板栗的害虫常见的有象鼻虫、栗食蛾2种,它们每年发生1次,均以幼虫蛀食栗肉为害。象鼻虫的成虫于7~9月份出现,以口器在栗实上穿孔,将卵产入果实内部,卵孵化出的幼虫,便在果实内部蛀食栗肉而生长;栗食蛾的成虫于8~9月份出现,在栗刺上产卵,卵孵出的幼虫蛀入栗实内,蛀食栗肉而生长。

防治病虫害应在果实采摘之前,以清园消毒为主。冬季将栗园内的落叶和杂草收集焚烧,深翻入土壤,将老熟的幼虫埋入深层土壤,剪掉病残枯枝并加以妥善处理。同时,对贮藏仓库也要进行必要的杀虫处理。其方法是将采收后的果实放在有透气的密闭仓库内,平摊厚70厘米左右。用溴甲烷熏蒸,其药量按每立方米空间用40~50克,熏3~10小时;或用二氧化硫每立方米空间1.5克,熏蒸20小时。

(三)常见的贮藏方法

1. 沙藏 适用于广大农村,经济又实用。方法有2种:一是选通风、干燥的房间或平坦通风干燥之地(上用麦秸等搭棚),按1份栗果2份沙(不带泥土)的比例堆贮,一层栗一层沙,栗果不可外露,每层栗果不超过10厘米,最后整个堆面盖一层面沙。沙子湿度应保持手握成团松开即散。每周喷1次水,不可过干过湿。此法可贮藏70~90天。二是选一高燥、通风、无鼠害的空屋,在底层铺一层厚15厘米的湿沙(湿度以不流水为宜)放一层栗果,再盖一层3~5厘米厚的湿沙,如此反复。堆高至60厘米厚,最上面盖一层15厘米厚的湿沙,堆宽不能超过2米。每隔20~30天检查、翻动1次,可贮藏70~90天。

2. 带壳贮藏 选阴凉透风的室内,也可在排水良好、阴凉的露地堆放带壳板栗。堆的大小以宽1~2米、高不超过1米为宜。

第六章 采收、分级及包装

要经常检查温、湿度,如发现堆内发热或干燥,可泼水降温补湿。在堆上覆盖稻草或高粱秆以防冻和防晒,堆下最好预先铺10厘米厚的沙子。此法可贮存至翌年3~4月份,新鲜度好,腐烂少,但发芽的栗果较多。带刺壳贮藏法将带刺壳的栗苞装在竹筐或堆放在混凝土地面上,进行杀虫消毒。其方法是将带刺栗苞堆放一层后用50%敌敌畏乳油1 000~2 000倍液喷洒,依次放一层喷1次。堆好后用塑料薄膜盖严熏蒸,可以杀灭食栗肉的栗螟虫。

3. 干贮 将成熟栗果浸于盛满清水的桶内,除去上浮果,浸没3~5天,捞出放入竹篮中,挂在阴凉通风处,让其自然风干20~30天后装入洁净的坛中,放至七八成满,每月翻动1次,可贮存至春节,好果率在95%以上。

4. 缸藏 在洗净晾干的缸底先垫上1个竹帘子,缸中央竖立一通气竹筒,将栗果倒入缸中,按一层栗子一层松针铺放,最后用松针覆盖,缸口也盖上竹帘子,以防老鼠为害,松针每个月换1次。此法亦可贮存至春节后,好果率在90%以上。

5. 醋酸处理 竹箩贮藏栗子采收后散放3~4天,用1%醋酸浸果1分钟,滤干后,装入竹箩内,每箩20千克,顶上撒些新鲜松针,然后用塑料薄膜盖住,贮藏1个月内要求浸泡4次。翌年3月份,可用2%食盐+2%纯碱溶液浸泡1次,继续贮藏1个半月,好果率仍有95%以上。

6. 醋酸或盐水浸栗贮藏 将浸过1%醋酸液的果装筐(篓)中,筐(篓)底部垫放一些鲜松针,后用薄膜覆盖贮藏。贮后第一个月每周药液浸洗1次,以后每月浸洗1次。此法可贮藏140天。若要续藏,则用2%盐水+2%纯碱液浸泡1次,又可延长贮藏期1月个左右。

7. 锯末、河沙混藏 选一阴凉、通风、无鼠害的水泥地面房屋,将板栗与河沙、锯末按1∶3~4的比例混合堆放。11月中旬前为后熟预贮期,11月中旬后至翌年2月初要逐渐关闭门窗和定

五、板栗贮藏

期喷水,保持室内空气相对湿度90%;2月初至4月中旬适当降低填充物湿度,继续覆盖并保持室内空气湿度。

8. 沟藏　选一排水良好之地,挖宽1米、深60厘米、长自定的沟。沟底铺一层9～10厘米厚的湿沙,沙上放一层栗果,如此反复,至堆满沟为止。堆贮时每隔1.5米竖立1捆秫秸或2～3根中空竹竿,以确保通风,堆露封冻前沟上用土培成屋脊状。可贮60～90天。

9. 薄膜袋贮藏　为防霉腐,装袋前要用20%甲基硫菌灵可湿性粉剂500倍液浸果10分钟,晾干后再装袋。薄膜袋厚0.05毫米,每袋装25千克为好,袋两侧各打1个直径1厘米的小孔,以利于通风透气。此法约可贮藏3个月。

10. 液膜贮藏　将经1个月发汗处理的栗果用70%甲基硫菌灵可湿性粉剂或50%多菌灵可湿性粉剂500倍液浸洗消毒、阴干,用虫胶4号或6号或20号涂料原液加2倍水搅匀后浸果5秒左右,捞出,晾干后装入箱(筐)中贮藏。常温贮藏每10天检查1次,剔除坏果。此法约可贮藏100天。如贮于0℃～3℃低温下,好果率可超过90%。

11. 硅窗气调贮藏　将预贮发汗的好果用清水洗净晾干,用70%甲基硫菌灵可湿性粉剂500倍液浸泡3分钟,捞起晾干后装入120厘米×90厘米聚乙烯保鲜袋(每袋装果25千克),袋中部镶嵌一厚0.09厘米、面积9.5厘米^{2}的硅橡胶膜作透气口,整袋放入低温环境贮藏,可贮藏90～100天。

12. 冷藏　在南方温度较高的地方适用此法。即用麻袋或竹篓装上板栗,篓内填垫防水纸,放于冷库中,温度控制在1℃～3℃,空气相对湿度保持在91%～95%,最好每隔4～5天在麻袋外喷1次水,以保持适宜湿度。冷藏是目前板栗保鲜的最好方法。南方库温为1℃～3℃,北方为0℃～2℃,空气相对湿度为90%～95%。

第六章 采收、分级及包装

13. 泥土贮藏 将板栗采收脱去刺壳后立即贮藏,不宜放置很长时间,以免失水变质。方法是在房内或屋外地面挖一个方形土坑,大小按数量而定,深约1米。也可采用砖块砌成贮栗仓库。贮栗泥土可使用晴天在板栗树下挖取的表层细土,用筛子筛去杂物,注意不可过干或过湿。先将板栗用90%代森锌可湿性粉剂50克,对水20升浸洗30分钟后捞起,晾干表面水分。贮藏坑底和四周用塑料薄膜垫好,放一层厚约5厘米的板栗,板栗上盖一层厚约3厘米的细土,如法依次贮放,最上面盖25厘米厚的细土,然后用薄膜盖严,压平即可。

14. 架藏 在阴凉的室内或通风库内,用毛竹制成贮藏架,每架3层,长3米、宽1米、高2米,架顶用竹制成屋脊形。架藏前将板栗散放在室内散热2~3天,以板栗失重在9%左右为止。贮藏前先将板栗清洗一下,剔除小、嫩、虫、伤果。装入25千克装的箩筐中,然后与箩筐一起浸泡在清水里,提起后即可放在竹架上贮藏。用此法贮藏板栗144天,保鲜率94.2%,霉烂率11%,无发芽现象。也可以用1%醋酸代替清水处理,贮存至翌年4月份,好果率95%以上。

15. 气调贮藏 这是一个很有效的贮藏方法,但必须注意二氧化碳的积累,二氧化碳不得超过10%。避免由于二氧化碳浓度过高,使板栗受伤而变苦或褐变。应用碳分子筛气调机贮藏板栗(气调大帐),严格控制氧和二氧化碳的指标,能有效地抑制萌芽和霉烂,实现周年供应。

一、后期病虫害的防治

第七章 果实采收后至落叶前的管理

一、后期病虫害的防治

(一)大袋蛾

1. 分布及为害 该虫分布于陕西、山东、河南、安徽、江苏、浙江、江西、湖北、湖南等省。寄主植物有板栗、悬铃木、风杨、泡桐、刺槐、苹果、梨、桃、李等,蚕食叶片,发生严重时将叶片食光。

2. 生活习性 大部分地区1年发生1代,以老熟幼虫在袋中越冬。翌年5月中下旬开始化蛹。雄、雌成虫分别在5月下旬及6月上旬羽化,6月中旬至7月上旬幼虫陆续孵化,9月上中旬幼虫大量蚕食叶片并开始老熟越冬(图7-1)。

雄虫在黄昏时活动飞翔,有趋光性,灯光诱杀以20~21时最多,占诱蛾数的90%。雌虫终生在袋中,产卵于袋中,每一雌虫可产卵2 000~3 000粒,最多可产5 000粒。初孵化幼虫自袋中爬出群集周围叶片上,吐丝下坠,顺风传播蔓延,4级风可飘落500米远处,以丝缀叶枝梗做袋,幼虫隐藏集中,袋随虫龄不断增长而不断增大,取食迁移时均负袋活动,故有袋蛾和避债蛾之称。三龄后,幼虫取食叶成穿孔,仅留叶脉。幼虫昼夜蚕食,尤以夜晚取食最凶。各虫态历期:孵化期17~23天,幼虫期210~240天,雌蛹12~26天,雄蛹24~33天,雌虫寿命12~19天,雄虫2~3天。大袋蛾天敌很多,寄生蜂、寄生蝇、瓢虫、蜘蛛、蚂蚁、灰喜鹊等都是

第七章 果实采收后至落叶前的管理

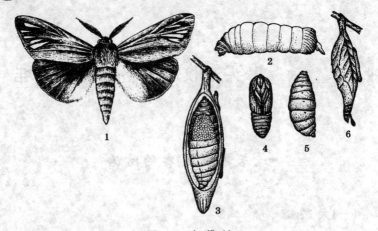

图 7-1 大袋蛾
1. 雄成虫 2. 雌成虫 3. 雌袋(示卵) 4,5. 蛹 6. 雄袋

大袋蛾的天敌。寄生率一般在 70% 以上。6~9 月份干旱少雨,降水在 300 毫米以下时常会大发生。降水量在 500 毫米以上时,湿度大,患病死亡率高,一般不易发生。

3. 防治方法

(1)人工捕捉 冬季或早春摘除虫袋,集中烧毁或喂鸡。

(2)生物防治 用 0.2% 苏云金杆菌、青虫菌液、白僵菌 1 000 倍液防治初孵化的幼虫效果很好。

(3)化学防治 用 90% 晶体敌百虫、50% 马拉硫磷乳油或 50% 敌敌畏乳油 1 000 倍液,喷杀幼虫效果好。

(二)水青蛾

1. 分布及为害 该虫广泛的分布在陕西、河南、山东、浙江、河北、辽宁等地。寄主植物有板栗、核桃、苹果、枣、梨、葡萄、杨、柳等。幼虫蚕食叶片,发生严重时将板栗、核桃等叶片食光。

2. 生活习性 1 年发生 2 代,以蛹越冬。翌年 4 月下旬至 5

一、后期病虫害的防治

月上旬成虫羽化,有趋光性。卵散产或成块产在叶片上。每只雌蛾产卵 200~300 粒。第一代幼虫 5 月中旬至 7 月份为害。6 月底至 7 月初幼虫老熟结茧化蛹,7 月上中旬第二代成虫羽化,7~9 月份为第二代成虫为害期,9 月底幼虫老熟,爬到枯树枝及枯草上结茧化蛹越冬。初龄期幼虫群集为害,三龄后分散取食,蚕食叶片只留叶柄,把一株树上叶片食光再转移到其他树上为害(图 7-2)。

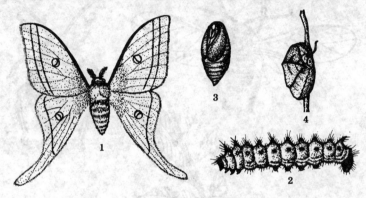

图 7-2 水青蛾
1. 成虫 2. 幼虫 3. 蛹 4. 茧

3. 防治方法

(1)人工捕杀 幼虫体大,虫粪大,容易发现,可组织人力捕捉。冬季可采摘冬茧集中烧毁。

(2)化学防治 幼虫为害期用 90% 晶体敌百虫 900 倍液喷雾防治效果很好。

(三)栗大蚜

1. 分布及为害 该虫广泛分布在陕西、河南、山东、河北、江苏、四川等地。寄主有板栗、麻栗、柳等树种。成、若虫刺吸新梢、嫩枝及叶背汁液,影响新梢生长及栗实成熟。

第七章 果实采收后至落叶前的管理

2. 生活习性 1年发生多代,以卵在枝干背阴面越冬,常数百粒单层密集排列于一处。翌年4月上旬开始孵化为无翅雄蚜,群集为害嫩枝梢,继续进行孤雌生殖,至5月间产生有翅胎生雌蚜,迁移至叶上,群集枝梢、花上为害,至晚秋产生无翅卵生雌蚜及有翅卵生雄蚜,二者交尾产卵,以卵越冬(图7-3)。

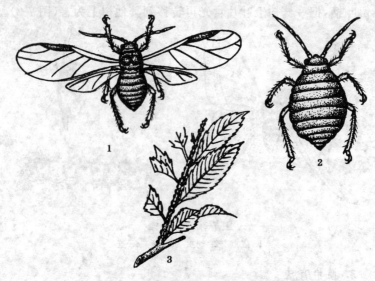

图7-3 栗大蚜
1. 有翅雌蚜　2. 无翅雄蚜　3. 被害状

3. 防治方法

(1) 人工防治　冬季刮除树干、枝上的粗皮,集中烧毁,消灭越冬卵。

(2) 化学防治　栗大蚜发生初期,喷40%乐果乳油2 000倍液,或50%久效磷乳油3 000倍液。

一、后期病虫害的防治

(四)栗红蜘蛛

1. 分布及为害 该虫主要分布在河北、河南、山东及陕西的大部分地区,成、若虫刺吸叶片汁液,叶片受害后失绿变白,为害严重的可造成早期落叶,影响产量。

2. 生活习性 1年发生5~9代,以卵在1~4年生枝条上越冬,1年生枝条上芽周围及粗皮、缝隙、分叉处最多。越冬自然死亡率达50%左右。第一代发生在4月下旬至6月上旬,第二代5月中旬至7月上旬,第三代6月上旬至9月上旬,第四代7月中旬至9月下旬,以后各代分别在7~9月份发生,从第二代起,世代重叠,全年为害盛期在6~7月份,特别是干旱年份。

成虫、若虫多在叶背面栖息活动吐丝结网为害。卵产在叶脉两侧叶面凹处。卵期8~9天。每一雌虫平均产卵50粒。雌虫寿命15天左右,雄虫1.5~2天。天气干旱、气温高时易大发生,大雨、暴雨对成、若虫冲刷作用大,可减轻为害(图7-4)。

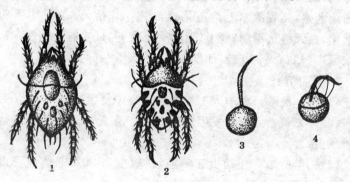

图 7-4 栗红蜘蛛
1. 雌成虫 2. 雄成虫 3. 夏卵 4. 越冬卵

3. 防治方法

(1)人工防治 人工刮刷越冬卵。

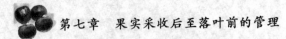
第七章 果实采收后至落叶前的管理

(2)化学防治 树干涂药,自5月上旬开始,在离地面30厘米处,用刮皮刀刮去约30厘米环形带,涂40%乐果乳油或50%久效磷乳油20倍液,后用塑料薄膜包扎好,以防药液散失及人、畜中毒。经过10天再涂1次,杀虫效果可持续30多天。采收前30天以内不要涂药。若发生严重时,自5月上中旬开始喷2次药,以40%乐果乳油或50%敌敌畏乳油2000倍液,或0.2波美度石硫合剂与10%三氯杀螨砜乳油900倍液混合液喷布,效果都很好。

(五)栗黄枯叶蛾

1. 分布及为害 该虫主要分布在陕西、河南、江苏、江西、浙江、四川、云南、福建、台湾等地。幼虫食性很杂,为害板栗、茅栗、栓皮栎、槲栎、辽东栎、核桃、苹果等。幼虫蚕食叶片,严重时将栗园叶片食光。

2. 生活习性 1年发生1代,以卵过冬。翌年4月上中旬幼虫孵化,幼虫期80~90天,初龄幼虫群集叶背取食。7月中旬幼虫陆续老熟,爬到灌木上结茧化蛹,蛹期20余天。9月中下旬成虫羽化,白天静伏不动,晚上飞行,交尾产卵,成虫有趋光性。每头雌蛾可产卵200~300粒,卵期约250天(图7-5)。

3. 防治方法
(1)人工防治 冬季人工摘除卵块集中烧毁。
(2)灯光诱杀 成虫发生期用黑光灯诱杀成虫,也可堆柴烧火诱杀成虫。
(3)化学防治 在幼虫三龄前,树冠喷布90%晶体敌百虫或50%敌敌畏乳油1000倍液杀死幼虫。

二、土壤管理

土壤管理是一项经常性的管理措施,其主要任务就是为根系

二、土壤管理

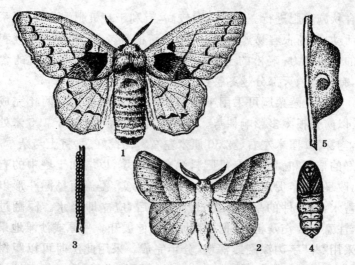

图 7-5 栗黄枯叶蛾
1. 雌蛾 2. 雄蛾 3. 卵块 4. 蛹 5. 被害状

生长创造一个良好的土壤环境,扩大根系集中分布层,增加根系的数量,提高根系的活力,为地上部分生长结果提供足够的养分和水分。土壤管理的好坏,直接影响到土壤的水、气、热状况和土壤微生物的活动,对提高土壤肥力、促进板栗生长发育和开花结果有直接影响。因此,必须通过经常性的土壤管理,使果园保持永久疏松肥沃,使水、气、热有一个协调而稳定的环境。板栗园的土壤管理主要包括土壤深翻扩穴、中耕除草、果园间作、覆盖保墒等管理措施。

1. 深翻扩穴 山地丘陵果园多土层较浅,土壤贫瘠,妨碍根系生长;平原地果园,一般土壤较黏重而通透性差。深翻扩穴可加厚土层改善通气状况,结合施有机肥可改良土壤结构,增强土壤肥力,有利于板栗根系生长。

深翻扩穴应从幼树开始,坚持每年都进行。一般在秋末冬初

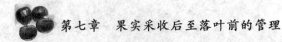
第七章 果实采收后至落叶前的管理

结合秋施基肥进行。此时气温较高,有利于有机肥的分解;根系处于活动期,断根容易愈合,翌年形成新根数量多,增强对养分和水分的吸收能力;疏松的土壤能蓄积冬季的雨雪,增加土壤的含水量,有利于消灭部分越冬害虫。深翻一般20~30厘米。

山地丘陵栗园可采用半圆形扩穴法,将每棵树分两年完成扩穴,以防伤根太多影响树势。扩穴的环状沟,可距树干1.5米处开挖,沟深50厘米左右、宽50厘米左右。沟挖好后,将土与杂草、粉碎好的秸秆和腐熟的有机肥料混合后回填,以增加土壤中的有机质,改良土壤,促进根系生长。回填后踏实,覆盖面呈漏斗形以利于蓄水,有条件的果园深翻改土完成后,应立即浇水。深翻过程中,注意不要伤及粗根,把根按原方向伸展开。平原或沙滩地果园可采用"井"字沟深翻或深耕,分年完成。采用此法时可以距树干1米处挖深50厘米、宽50厘米的沟。隔行进行,第二年再挖另一侧。栗园土壤黏重的,可混入沙土;沙滩地土壤保水能力太差可适当换土。若采用深耕法,最好先在行间撒上粉碎的秸秆或腐熟的有机肥深翻压入土壤中。

2. 栗园间作 栗园间作是我国栗产区的传统习惯。零散栽植的栗树和新建栗园,为了充分利用土地和光能,提高土壤肥力,增加收益,可在行间或梯田内侧及埂上间作粮食或经济作物,弥补果园早期没有收益或收益少的不足。栗粮间作:一般是在栗园中间作小麦、马铃薯、红薯等粮食作物。特别是小麦和栗树生育期重叠时间短,栗树秋季落叶后小麦开始生长,春季萌芽期晚,对小麦光照有利,而小麦施肥灌水促进了栗树的生长。有的地方间作大豆、蚕豆、绿豆、花生等豆科作物,能起到生物固氮增加土壤的含氮量。在水源充足的地方还可间作蔬菜、西瓜、中药材、果树苗木、花卉苗木等,间作增加了肥水,有利于栗树的生长发育。栗园间作,各地要因地制宜,特别注意不宜间作玉米、高粱等高秆作物,间作高秆作物妨碍果园通风透光,影响栗树生长结果,并且会使病虫滋

二、土壤管理

生蔓延。另外,间作时要留出树盘,以免耕作时损伤主根,并影响栗园的通风透光。

3. 覆盖保墒 栗园覆盖保墒是一项主要的土壤管理措施。尤其北方栗园多分布在土层瘠薄,干旱少雨的山地丘陵,减少栗园土壤水分蒸发显得尤为重要。传统的抑制土壤水分耕作保墒,在山区实施有限,目前推广土壤覆盖或生草保墒能保持水土,效果十分显著。

春季可在栗园覆盖地膜,四周用土压实,防止水分蒸发,并能提高地表温度。保持湿度抑制杂草生长。

夏、秋季覆草为最好,此时正值高温多雨,草易腐烂,不易被风吹走。在干旱高温时,覆草可降低高温对表层根伤害。对于冲积平原土壤表层为沙土的地区或河滩沙地,地面覆盖在夏秋季能降低地表温度,减少日灼的危害。覆草的种类有麦秸、豆秸、玉米秸、稻草等多种秸秆。数量一般为每 667 米^2 2 000 千克左右,若草源不足,应主要覆盖树盘,覆草厚度为 15 厘米左右。覆盖前,最好把草切成 5 厘米左右,并初步腐熟。覆盖时,应先浅翻树盘,覆草后,用土压住四周,以防被风吹散。刚覆草的果园要注意防火。每次果园施药时,可在草上喷洒 1 遍,以便消灭潜伏于草中的害虫。

实践证明,栗园覆盖有明显的保墒作用,并能在雨季拦蓄雨水,增加入渗量。覆盖物可以增加土壤肥力,改良土壤。其缺点是有利于部分病虫滋生。在坡陡、地多人少的地区,耕作或覆盖难予实施,可采用生草法防止水土流失。在夏、秋季将栗园中的杂草或专门播种的专用牧草、绿肥,刈割后埋入树盘下,不耕作,起到保持水土的作用,并改善土壤理化性状,充分利用土壤的养分和水分。

第八章 休眠期（落叶后至翌年萌芽前）管理

一、冬季修剪

(一)整形修剪的好处、依据和原则

板栗整形修剪,是根据板栗生长发育的规律,结合土、肥、水、品种及管理技术措施,按照人们的意志,把栗树修剪成一定的形状,达到生长健壮、优质、高产的目的。

整形是根据板栗植株自然生长发育的特性、当地的自然条件和栽培技术,人为地将板栗培养成某种理想的形状。

修剪是在整形的基础上,继续保持丰产树形,调节生长和结果的关系,控制板栗生长和结果的均衡,保证连年丰产。

整形与修剪的概念和作用不同,但二者的关系是密不可分的,整形要通过修剪来达到目的,修剪必须根据整形的原则进行。

1. 整形修剪的好处

(1)培养牢固的骨架　通过整形修剪使主枝开张角度合理,分布均匀,主次分明,层次清楚,形成牢固的骨架,能承受丰产年结实的重量和大风造成的自然灾害。

(2)提早结果,延长结果年限　通过合理的整形修剪,可使发育枝尽快转变成结果枝,提早开花结果,而且可调节营养生长与生殖生长的关系,使板栗生长健壮,连年丰产,延长植株结果年限。

(3)消灭大小年现象　不修剪的板栗容易形成大小年。大年

一、冬季修剪

栗实结得特多,产量高,品质差。小年又结果少,产量低,经济收入少。只有合理修剪才能调节结果枝和发育枝的比例,平衡生长和结果的关系,消灭大小年或减轻大小年的幅度,达到稳产高产。

(4)通风透光好,病虫害少　整形修剪可以使主枝和侧枝分布合理,小枝多而不密,树膛内通风透光,有利于光合作用,树势生长健壮;另一方面通风透光好,能减少病虫害的潜藏危害,植株产量高品质好,耐贮藏。修剪时剪去病虫枝,可以避免病虫害传播蔓延,有利于合理密植,便于管理,提高工效。

(5)可提高经济效益　通过合理整形修剪的板栗树,树冠整齐一致,不过高、过大,有利于合理密植和提高单位面积产量,达到早结果、早丰产、早受益的目的。另一方面因为树冠矮小,枝条分布均匀,便于整形修剪、病虫害防治、疏花疏果和果实采收。在管理上节省人力,可提高工效。

2. 整形修剪的依据

(1)根据板栗自然生长状况　河北省板栗整形采用的主干疏层形,干高0.9~1米,一般分为3层:第一层2~3个主枝,第二层2个主枝,第三层1个主枝。第一层至第二层距离60~90厘米,第二层至第三层也是60~90厘米,多年来生长结实很好。山东省采用多主枝自然开心形,主干高0.9~1米,无中央干,只是定干后从主干上长出3~4个主枝,在主枝上排列2~3个侧枝,自然开心,生长、结果也好。据山东省果树研究所调查,自然开心形比主干疏层形单株产量高2~3倍。

根据我们在陕南板栗主要县的调查,135株丰产植株,有中央领导干的只有29株,占21%,无中央领导干的106株,占79%。当前板栗发展的方向是走集约化栽培的道路,要矮化密植。我们认为以多主枝自然开心形为好。每株树有3~4个主枝,每个主枝上左右排列2~3个侧枝,树冠紧凑,通风透光好,结果早,产量高。

(2)根据板栗的品种特性　各个品种有其不同的生长特性。

第八章 休眠期(落叶后至翌年萌芽前)管理

有的品种生长势强,枝条分枝角度小,修剪时要注意开张角度;有些品种枝条软,角度大,要适当抬高角度,留向上生长的芽。萌芽力、成枝力强的要适当轻剪;萌芽力、成枝力弱的适当重剪,促进萌芽成枝。

(3)根据自然条件和板栗栽培管理水平 土壤、气候、栽培管理技术不同,采用的整形修剪的技术也不同。在气候温和、雨量较多、土层深厚、土壤肥沃的地块里长的板栗,一般生长旺盛,树冠较大。整形修剪适宜采用大树冠。定干要适当高一点,侧枝与侧枝之间的距离要适当大一些。在修剪时要多疏枝,轻短截,促进开花结果。在土壤瘠薄的山坡地或沙滩地以及干旱、风大等不同地区,因环境条件差,影响板栗生长发育,一般树势较弱,整形修建时应采取矮干,小树冠,侧枝之间的距离要适当缩小,修剪适量偏重,多短截,少疏枝,促使每年有一定的生长量,保证连年结果和延长植株结果寿命。另外,栽植密度和管理水平与整形修剪也有一定的关系。密植园的植株比稀植园的植株冠高、冠径要适当小,主枝数目要适当少。管理水平对板栗的生长影响很大。管理跟不上,整形修剪的作用也显示不出来。

当自然条件或栽培技术发生变化时,整形修剪也要相应地变化。这些问题都要考虑到,否则会给生产造成损失。

3. 整形修剪的原则

(1)合理定干 板栗定干的高度,对生长和结果有一定的影响。定干必须根据环境条件,决定定干的高度。气候寒冷、干旱和土壤瘠薄的山地宜采用矮干;高温多湿、土层深厚、土壤肥沃的地方宜采用高干。

生产实践证明,矮干比高干更有利于生产。矮干缩短了地上部和根系之间的距离,可以加速地上部和地下部水分、养分的交换,板栗植株的各个器官能及时得到生长、发育所需要的水分和营养物质,生长旺盛,结果早,产量高,寿命长。矮干可使幼树很快地

一、冬季修剪

形成树冠,提早开花结果。矮干树,树冠能更好地遮蔽树干和地面,能调节温度,减少日灼病的危害及地面水分蒸发,有利于保墒。同时,因树冠小,不易遭受风害。矮树便于整形修剪及防治病虫害、疏花疏果、果实采收等田间操作,提高了工效,节约了劳力。矮干小冠栽植可以充分地利用空间,有利于合理密植。

矮干树的缺点是土壤管理和机械操作不方便,若在高温多雨的地区,树膛内容易形成郁闭,通风透光不良,容易发生病虫害。

一般板栗高干型的树为1.3~2米;中干型的树为0.7~1.2米;低干型的树为0.4~0.6米;灌木型的树为0.3米以下。板栗丰产园一般定干高度为0.9~1米。房前屋后、地边栽植的可高一些,宜1.3~1.5米为宜。

(2)主枝数目、层间距及从属关系 主枝数目要适当,不宜过多或过少。主枝数目过多,往往形成大枝多,小枝少,通风透光不良,病虫害严重,内膛枝枯死,结果部位外移,产量低。主枝数目过少,虽然通风透光好,但对空间的充分利用不够,减少了同化面积,营养物质积累少,在一定程度上也影响产量。

在整形修剪过程中,构成树冠的各部分要保持一定的从属关系。主枝必须比侧枝生长势强,侧枝要比主枝留得短一些,生长势弱一些。同一株树,各级主枝的高度基本上要在一个平面上。同一级侧枝的高度基本上在一个平面上。各级主侧枝主次分明,层次清楚。保持树势生长均衡,构成一个匀称的骨架,避免各部分互相竞争,为植株丰产创造良好的条件(图8-1)。

(3)主、侧枝分枝角度 主枝与主干、主枝与主枝、主枝与侧枝之间所夹的角度,对树体的结构、生长和结果都有密切的关系。一般角度小,枝条趋于向上生长,生长势强,容易破坏各主枝之间的从属关系。主枝与主干或主枝与侧枝之间角度太小,主枝和侧枝粗,生长过程中,容易将二者之间的树皮夹在分叉处,形成自然裂缝,遇着大风或负载果实的重量过大时,容易劈裂。

第八章 休眠期(落叶后至翌年萌芽前)管理

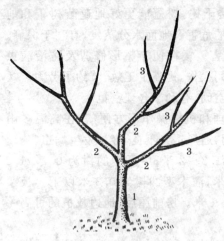

图 8-1 板栗幼树主侧枝选留示意图
1. 主干 2. 主枝 3. 侧枝

枝干或枝与枝之间的夹角在 60°左右时,在枝干加粗生长的过程中,分叉处的树皮由于下部的木质部生长向上推,不会夹入两枝之间的木质部内,结构坚固,不易劈裂,既抗大风,又能承受丰产年份果实的重量。更重要的是生长不会太旺盛,有利于开花结果。

枝干或者主枝与主枝之间角度过大,生长势衰弱,稍有产量主枝便下垂。

(二)适宜的树形

板栗实生繁殖、分散稀植的传统栽培方式,一般 9 年以后才进入结果期,结果前的主要任务之一就是修理树形,打好骨架。而计划密植栽培的栗园,一般翌年就有产量。实现早实、高产、稳产是一切经营者追求的首要目标。因此,不能舍弃早期产量而单纯追求树形的完美,而应两者兼顾。在不同的树龄阶段,因树造形,不要强求一律。高密度的栗园在幼树期(1~6 年)一般采用丛状形、自然开心形;成龄树阶段,经过间移后,亦可逐步调整为小冠疏层形或变侧主干形。

1. 变侧主干形

(1)树体结构及特点 主干高 40~50 厘米,有中央领导干,全树主枝 4 个,在中央领导干上错落着生,向 4 个方向延伸;各主枝间隔 50 厘米左右,主枝开张角度为 45°~50°。每个主枝留侧枝 2~3 个,第一侧枝距中央干 50~60 厘米,第二侧枝距第一侧枝

一、冬季修剪

40～50厘米,树冠高度控制在3～3.5米(图8-2)。

(2)树形优点 光照良好,结果面积大,成年树产量高,骨架牢固;缺点是早期产量较低。适用于1～2年生砧木嫁接或直接定植嫁接苗的中低密植园。

2. 自然开心形

(1)树体结构及特点 主干高35～50厘米,不留中央领导干,全树3个主枝,各主枝间距25厘米左右,开张基角55°左右。各

图8-2 变侧主干形示意图

主枝着生侧枝2～3个,主、侧枝着生保持50厘米左右的错落间隔,侧枝开张角度稍大于主枝。冠高控制在2.5～3米(图8-3)。

(2)树形优点 树冠展开,光照良好,结果早,幼树期累计产量较高,便于管理。用3～4年生砧木嫁接建园,每一截面接2个接穗时,易成此树形。缺点是结果面积较小。适用于高密度园幼树期。

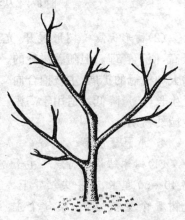

图8-3 自然开心形示意图

3. 丛状形

(1)树体结构及特点 主干高10～30厘米,不留中央领导干,全树主枝4～6个。主枝间距20厘米左右,主枝伸向四方,开张角

第八章 休眠期(落叶后至翌年萌芽前)管理

度为30°~45°;每一主枝有侧枝2~3个,侧枝间距约50厘米,错落间隔,侧枝开张角度应大于主枝。树冠高度控制在2~2.5米。用5年生以上砧木嫁接建园,嫁接部位离地面20厘米以下,每一截面接2个以上接穗时,多数会自然生长成丛状形树(图8-4)。

图8-4 丛状形示意图

(2)树形优点 树形展开,光照良好,结果早,幼树期累计产量最高,便于管理。但随着树龄的增大和树冠的扩展,主枝抱合向上生长,产量降低。适用于高密度园幼树期。

4. 小冠疏层形

(1)树体结构及特点 主干高40~50厘米,有中央领导干,全树5个主枝;第一层3个主枝,主枝基角60°左右,层间距15厘米左右。第二层主枝2个,开张角度50°左右,与第一层和第三主枝间距90~100厘米。第一层主枝各留2个侧枝,侧枝

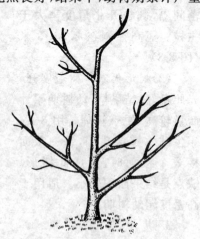

图8-5 小冠疏层形示意图

一、冬季修剪

间距40~60厘米，错落间隔，开张角度60°~70°。第二层主枝各留1~2个侧枝，树冠高度控制在3~3.5米（图8-5）。

（2）树形优点　分层透光，结果面积大，成年树产量高。缺点是早期产量较低。适用于1~2年生砧木嫁接的中低密度园和高密度园经间移后的保留株（永久株）。

5. 纺锤形

（1）树体结构及特点　主干高40~50厘米，有中央领导干；全树有7~9个骨干枝，从主干往上螺旋式排列，间隔40厘米左右，插空错落着生，均匀地伸向四面八方。同方位上、下2个骨干枝的间距为1米左右，骨干枝与中央干的夹角为90°左右；在骨干枝上直接着生结果枝组，树冠高度不超过3米（图8-6）。

（2）树形优点　树冠开张，光照良好，结果早，树冠容积大，产量高。适用于高密度栗园。

（三）不同类型的标准化修剪

1. 幼树整形修剪　幼树整形修剪的目的是培养牢固的树体结构，便于管理，为早结果、高产、稳产、优质创造条件。

图8-6　纺锤形示意图

（1）变侧主干形　不同年份的整形修剪操作要点如下。

①第一年：于苗木55~65厘米处短截或摘心定干。从剪口下抽生的几个强枝中，选直立强壮的作为中心领导干的延长枝，角度大、生长较旺的作为第一主枝的延长枝。建在斜坡地的栗园，第一主枝应选在斜坡的下方。修剪时，第一主枝延长枝长至90厘米左右时，摘心或剪去1/5，以促生第一侧枝。主枝延长枝的竞争

第八章 休眠期(落叶后至翌年萌芽前)管理

枝,生长在同侧的,拉枝改变方向,加大角度,以促进翌年结果;生长错落的在30厘米处摘心,抽生分枝后,再于25厘米处摘心,根据其长势,1年可摘2～4次,一般翌年都能结果。对其他萌生的新枝一般不动,待其长至30厘米左右时摘心,使其既成为主枝的辅养枝,又能加速树冠成形,从而促进早结果。

②第二年:早春修剪时,将中心干延长枝和和第一主枝的延长枝短截,截后顶端抽生出同样的旺梢,在中心干延长枝距第一主枝50～60厘米处,与第一主枝的相反方向选留第二个主枝。其他枝的修剪方法与上年相同。

③第三至第四年:第三年继续选留第三主枝、第一主枝的第一侧枝和第二主枝的第一侧枝。第四年选留第四主枝和第二主枝的第二侧枝、第三主枝的第一侧枝。其他枝的修剪方法与上年相同。

(2)自然开心形 苗木嫁接后,长至50～60厘米时摘心定干。定植嫁接苗的在50～60厘米处剪截定干,再从剪截部位以下的芽发出的强旺新梢中选择角度适当、发育均衡、上下错落排列的作为主枝。如因间距过小或方位错落不均衡而选不出3个主枝时,可在最强旺新梢上再摘心,从抽生的新枝中再选。第一年早春修剪时,对确定的主枝在50～60厘米处短截,同时选留侧枝;对第二、第三年主枝延长头剪去全长的1/3左右,同时选留侧枝。使侧枝在主枝上呈"推磨式"分布,侧枝间距40厘米左右。

对竞争枝及萌生的其他枝在幼树阶段尽量保留,采用摘心、拉枝等方法,促其结果;待无空间时逐步回缩,如过密时疏除一部分。

(3)丛状形 用大龄砧木嫁接成活后,一般能生出4～6个旺盛的新梢。如果人为强行进行单干、双干或三干整形,强度修剪,会大量减少树冠体积,减少结果母枝量,降低产量,对早实丰产极为不利。因此,应利用其自然形状,把旺梢作为主枝培养。当各新梢长至30厘米左右时,及时摘心;新生分枝再长至25厘米左右时再摘心。第一年一般摘3～4次,形成小树冠。第二年主枝延长头

一、冬季修剪

短截全长的1/4左右,促其延伸,并适时摘心。对其他分枝,促其结果,对未结果的发育枝、雄花枝,在夏季短截。第三、第四年修剪方法与第二年相同。各年度早春修剪时,对延长头短截;对结果枝在饱满芽上方进行轻短截;疏除主枝下部的细弱枝以及过密、重叠、并生等难见阳光的枝条。在树冠覆盖率达到70%左右时(一般在第四至第五年),在永久株中注意选择生长相对直立、位置相对居中的主枝,作为间移后逐步调整演变为有中心干树形的中央领导干来培养。

(4)小冠疏层形　不同年份的整形修剪操作要点如下。

①第一年:定干高60~70厘米,摘心或剪截定干。剪口下选一直立新梢作为中央领导干延长枝。再选方位错落、方位角约为120°的3个新生侧枝作为第一层主枝。如主枝选不够3个,可在层间距合适的方位再摘心或剪截。8~9月份对培养3个主枝的新梢开张角度(用撑或捋的方法)调整至60°,其他新梢达到30厘米左右时摘心,摘心后抽生的分枝长至30厘米左右时连续摘心,直至9月份摘除各类枝的秋梢,以促其充实。

②第二年:早春修剪时,中央领导干延长枝和3个主枝留60~65厘米剪截,对上年摘心不及时而生成的长发育枝一律拉平,其他枝基本不动,促其结果。新梢生长期,在中央领导干延长枝上选一直立生长的新梢继续培养成中干延长枝;在第一层的3个主枝上,距基部50厘米左右处选一强壮新梢培养为第一侧枝,如果此处没有理想的强壮新梢,可在其上方2厘米处刻伤促其转强。对中央领导干和主枝上着生的其他分枝,已结果的,果前梢夏季留3芽摘心;雄花枝留基部芽或在盲节以上顶端留3~4芽短截;发育枝仍仿效第一年的做法连续摘心,9月份摘除各类枝的秋梢。

③第三年:早春修剪时,对中央领导干延长枝和第一层3个主枝延长枝留60厘米剪截,对上一年因摘心不及时而长成的长发育枝一律拉平,其他枝基本不动,促进结果。新梢生长期,在中央领

第八章 休眠期(落叶后至翌年萌芽前)管理

导干延长枝上选一直立生长的新梢继续培养中干延长枝。夏季在距第一层第三主枝1米左右处,选2个较强的侧生新梢培养第四、第五主枝。8～9月份,对第二层2个主枝的新梢开张角度,用撑或拐的方法调整至50°左右。对第一层和第二层主枝上的侧枝延长梢,将其开张角度分别调整为70°和55°,9月份剪除各类枝的秋梢。对其他各类枝按第二年的做法摘心、短截。

(5)纺锤形 分为以下3种枝干的培养。

①中央领导干的培养:定干高70厘米左右,使之直立生长。翌年早春修剪时,中央领导干延长枝剪留3/4或剪留70厘米左右;第二、第三年早春修剪时,中央领导干的延长枝剪留40～50厘米;第四、第五年树已成形,中央领导干不再短截。当骨干枝已选够时,可开心落头,树冠高度不超过3米。

②骨干枝的培养:每年在中央领导干上选留2个骨干枝。在新梢停长时,如长度已长至1米以上,则将其拉至60°～70°。不到1米的暂不拉枝,待长够1米以上长度时再拉。当骨干枝已经选够后要用"三套枝"修剪法控制其延伸,对延伸过长、造成树冠交接的要及时回缩。

③结果枝组的培养:骨干枝拉枝后,其上着生的芽大量萌发。在营养充足、光照良好的条件下,所抽生的新枝有一部分可以成为结果枝,在每一骨干枝上根据栽植的株行距,可选留结果枝组3～5个,间隔40厘米左右,夏季摘心或短截,以促其分枝,培育成结果枝组。对其余的结果枝,在不影响结果枝生长的前提下,可保留使其结果。结果枝组一旦结果,就用"三套枝"修剪法控制其延伸,以保持骨干枝层间有良好的光照。

此外,要做好有害枝的疏除工作。对中央领导干的竞争枝、骨干枝上影响结果枝组的枝、内膛徒长枝、重叠枝及已经结果但无生长位置的枝,要及时疏除,以确保树冠内部通风透光,防止内膛光秃和结果部位迅速外移,稳定产量和树势。

一、冬季修剪

2. 结果树整形修剪 对结果树修剪要随树整形,因枝修剪。修剪时要采用集中和分散的修剪方法,调节水分和营养物质的分配,改善光照条件,解决生长与结果之间的矛盾。

(1) 分散与集中修剪 要掌握"因树修剪,看芽留枝"的原则。做到"三看",一是看地,看山地还是平地及土层薄厚、土质肥瘦、肥水条件好坏等。二是看树,看树的品种、树龄、树势强弱等。三是看结果枝,看芽的种类、数量、雌花芽的多少等。

山地的土层瘠薄,肥水条件差,树势弱,结果母枝少,细弱枝多,则应采取集中法修剪;反之,则采用分散法修剪。

①分散修剪法:就是在强树旺枝上多留一些结果枝、发育枝、徒长枝和预备枝,分散其营养,缓和树势、枝势,达到培养结果母枝的目的。

强树旺枝顶端只有1个结果母枝,在其下方再留1~2个预备枝,加强培养,使其分散树体营养,缓和树势、枝势,逐步形成结果母枝,增加产量。

②集中修剪法:在弱树弱枝上,通过疏剪和回缩,使养分集中在保留下来的枝条上,促使其由弱变强,形成较强壮的结果母枝。

(2) 枝组修剪

①缩剪:多年生结果枝组,结果多年,结果部位外移,基部光秃,生长变弱,很少结果,应从较好的分枝处缩剪,使其抽生出健壮的结果母枝,培养新的枝组。

②疏剪:为增强先端结果母枝的生长势,对下部的细弱枝适当疏剪,使养分集中复壮;相反,若树壮枝旺,除保留顶部结果母枝外,在其下方还可选留1~2个结果母枝,以分散养分缓和枝势,有利于结果。

(3) 利用和控制徒长 树冠内多年生的隐芽,经过刺激而萌发的1年生徒长枝,可以控制利用。其方法如下。

①选留的依据:树冠内的徒长枝是否全部保留,要看具体情况

第八章 休眠期(落叶后至翌年萌芽前)管理

而定。群众的经验是"四留、四不留"。即老树、结果树留,幼树不留;弱树留,强树不留;有空间留,无空间不留;在侧枝中上部留,基部不留。

②选留的数量:过多过密影响主、侧枝向外延伸,树冠郁闭,通风透光不良,这就达不到立体结果增加产量的目的。一般要求同一侧两徒长枝间距为60~90厘米,同一部位只留1个枝,最多不超过2个枝。当徒长枝过多时,要选择方向好、斜侧生而生长充实的加以培养和利用,其余枝应及早疏除,防止养分消耗。

③控制徒长枝:长枝有丛生、直立和快速生长的特性,让其自然生长常会出现树上长树,因此必须加以控制。其方法是改变枝条角度或利用摘心。冬季短截促生分枝,缓和树势。对有分枝的枝条可于30厘米以上分枝处回缩。当徒长枝改造成结果枝后连续结果变弱,应回缩复壮。

(4)老树更新修剪 老板栗树经过更新修剪寿命很长,实生树生长至90~100年后才开始衰老,嫁接树40~50年开始衰老,当然这不是绝对的。如果栽培管理条件差、病虫害严重,都可加速树体的老化。衰老树表现1年生枝条抽生不出来或很短,梢干枯,树冠残缺,结果枝发育枝极弱,不能继续结果,产量极低。

板栗的更新能力很强。即使大部分枝条枯死,或者树干已老朽,仅留下部分有生活力的树皮,只要上面有徒长枝萌发,就能重新发育开花结果。

当枝头出现大量细弱枝和枯死枝时,表明该枝已变弱应及时更新。回缩更新一定要回缩在分枝处,剪锯口要平,不要留残桩,防止不愈合而造成腐朽劈枝现象。更新修剪实际上从盛果期就开始,采用年年有更新、枝枝有更新、逐年回缩的方法。

更新的具体做法为:一是更新程度要根据每一个枝的生长情况而定。对于非常衰弱、已不能抽生结果枝的枝条必须回缩至有徒长枝处,或由隐芽萌发出的发育枝的地方,以便利用徒长枝或发育枝重新培养骨干枝。对于尚能结果的枝条,要疏剪去纤细枝、病虫枝以及过多的枝,促使养分集中分配。二是周围比较空旷的栗树,除了主枝极其衰弱不能结果必须缩剪外,凡是还能结果的主枝不要随便回缩,应尽量利用空间使其再结果,以免影响产量。在这种情况下,应压缩树头,即剪去树冠顶部的部分枝条平衡树势。三是极衰老的树更新宜分年进行。第一年先更新1～2个大枝,翌年再更新1～2个大枝,可以边复壮,边结果。四是老树愈合能力弱,处理大枝时要留4～6厘米的木桩。木桩断口用刀削平,防止因不愈合而造成朽心和影响树势。五是老树更新主要利用徒长枝。由于老树的树冠残缺不全,所以在空旷处可以利用主枝基部生长势不过强的徒长枝培养成新的骨干枝。

二、病虫害防治

(一)云斑天牛

1. 分布及为害 该虫广泛分布于西北、华北、华中、华东和华南各省、自治区。寄主有板栗、核桃、杨、苹果、梨、桑、油桐等。成虫啃食新梢嫩皮,致使枝条枯死;幼虫蛀食木质部,引起树势衰弱,甚至整株死亡。

2. 生活习性 该虫2年发生1代,以成虫和幼虫在树干蛀道里越冬。翌年5月下旬成虫从树洞里爬出来,取食树叶、嫩枝皮层,为害30～40天,开始交尾产卵。成虫昼夜活动取食,夜间活动最盛,多选距地面2米以上的枝、干上产卵,先将树皮啃成椭圆形卵槽,然后产1粒卵子于卵槽中央。1株树可产卵10余粒,每一雌虫产卵40余粒。卵经7～15天孵化。幼虫先在皮下蛀成三角形斑痕,从蛀入孔排出大量虫粪木屑,树皮膨胀纵裂,在皮层为害30～50天,即蛀入木质部为害心材,在蛀道里越冬,翌年继续为害,9月份在蛀道顶部做蛹室化蛹,9月份羽化成虫在树干内过冬,第三年5月下旬咬一圆孔钻出树干(图8-7)。

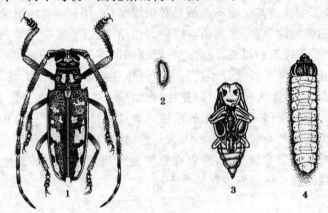

图8-7 云斑天牛
1. 成虫 2. 卵 3. 幼虫 4. 被害状

3. 防治方法

(1)人工防治 5~6月份人工捕捉成虫,人工用锤子砸卵槽。

(2)药剂防治 将蛀孔虫粪清理掉,用纸屑或棉絮浸50%敌敌畏乳油或50%磷胺乳剂40倍液塞入蛀道里,然后用泥土涂抹洞口。也可用磷化铝片1/2,塞入虫洞,外面用泥封住,可杀死成虫和幼虫。

(二)栗实象

1. 分布及为害 该虫主要分布在山东、河南、陕西、甘肃、江苏、浙江、江西、福建、广东等省。寄主有板栗、茅栗、栓皮栗、麻栗等。幼虫蛀食栗实。被害果实无食用价值,失去发芽力。常因虫害引起贮藏运输期间大量腐烂,造成很大的损失,一般受害率在10%左右,河南省每年有20%~40%的栗实被害,严重地区可以达90%以上。江苏省的被害率也很严重,有些地区达69%,栗实象是板栗生产中的主要害虫。

2. 生活习性 该虫在陕西、河南、江苏、山东2年发生1代,以老龄幼虫在土室中越冬,翌年不出土,第三年6月份开始化蛹,6月下旬至7月上旬为化蛹盛期,蛹期20～25天,7～9月份成熟羽化,仍在土室静伏5～10天。雨后成虫出土上树,取食栗苞嫩枝补充营养10余天,开始交尾产卵,产卵盛期为8月中旬至9月上旬。成虫产卵前先用头管啃食栗苞壁,蛀成深约2毫米的卵槽。然后,调转身体,将产卵器插入卵槽内产卵,并啃食皮屑堵塞卵槽。产卵部位多选择栗苞胴部。一般一卵槽内产1粒卵,也有空槽的。卵期9～12天,幼虫孵化后,即蛀食栗实,虫粪充塞在虫蛀道内,经历13～37天蛀食,幼虫老熟脱果,在栗苞堆积期和栗实贮藏期10～15天,幼虫老熟脱果。脱果幼虫入土深一般5～20厘米,以10～15厘米处较多。幼虫在土壤内滞育600余天。雌雄虫比约1:1。成虫寿命14～30天,成虫善于爬行,有假死性。每头雌虫可产卵2～19粒(图8-8)。

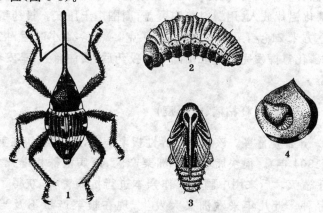

图8-8 栗实象
1. 成虫 2. 幼虫 3. 蛹 4. 被害状

第八章 休眠期(落叶后至翌年萌芽前)管理

山地栗园受害最严重,丘陵区的栗园次之,平原栗园受栗实象为害最轻。不同板栗品种受害程度差异显著,早熟品种受害轻,晚熟品种受害重,苞刺长而密较苞刺短而稀的品种受害轻。

3. 防治方法

(1)农业防治 冬季拾净落地栗苞集中烧毁或深埋,秋季落叶后深翻树盘(深达 20 厘米以上),破坏越冬幼虫的土室。栗苞堆集场要做得坚实,阻止幼虫入土越冬。选择优质抗虫品种。球果短刺长而密的品种(如焦札)和早熟品种处暑红受害较轻,受害率只有 5% 左右。选育抗虫品种是防栗实象的主要方法之一。

(2)化学防治 在栗苞堆集场周围喷洒 4% 敌·马粉剂,杀死脱果幼虫。为害较严重的栗园,在 7 月下旬成虫羽化出土前,地面(树盘)喷 25% 对硫磷微胶囊 1 500 倍液,每 667 米^2 0.5 千克左右,防止成虫出土上树,9 月份成虫上树产卵前,树冠喷 50% 敌敌畏乳油 1 000 倍液,消灭成虫。如果其间防治不彻底,栗实受害很严重时,可将采下的栗苞用磷化铝片熏蒸。熏蒸的办法是在空地上挖宽、深各 1 米的沟,沟的长短根据栗苞而定。用木棍在上面捅成眼将磷化铝片放入,用塑料薄膜覆盖,周围用土压实。投药量为栗苞每立方米 21 克,栗实每立方米 19 克。熏蒸 24 小时后,揭开塑膜,待磷化氢挥发完后再取出即可。投药后,要注意人、畜安全,防止中毒。

(三)胴枯病(杆枯病、板栗疫)

1. 分布及危害 该病是世界性板栗病害,20 世纪初在美洲大发生(1904 年)。很快席卷了美洲栗产区,染病植株相继死亡,栗树几乎覆灭。后来用中国板栗作亲本进行抗病育种,获得了一些抗病品种。近几年来欧洲又大发生,现在板栗产量不及当年的 1/10。我国板栗抗病性很强,但近几年在南方各省也有板栗胴枯病发生,被害栗树皮层腐烂,树势衰弱,影响产量,重的整株死亡。

二、病虫害防治

2. 病害症状及侵染途径 该病多发生在主干的皮层部,在小枝上发生较少。发病初期树皮上出现黄褐色椭圆形斑点,后发展为较大的不规则赤褐色斑块,最后包围整个树干,并向上下扩展。病斑呈水肿状突起,内部湿腐,有酒味,干燥后树皮纵裂,可见皮内枯褐色的病组织(图 8-9)。

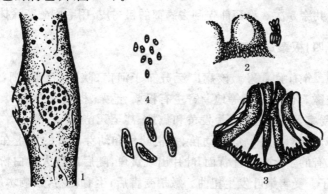

图 8-9 板栗胴枯病
1. 病枝 2. 分生孢子器及分生孢子 3. 子囊壳及子囊 4. 子囊孢子

据在南京地区观察,3月份开始发病,4~5月份产生橙黄色至橙红色的无性子实体与分生孢子器,开裂并溢出大量分生孢子,由鸟、昆虫及雨水等传播,10月下旬产生有性世代子囊孢子,至翌年春季由风、雨水、昆虫等传播到健康植株感染。侵染门户主要是各种伤口(嫁接口、机械损伤及昆虫为害造成的伤口),以嫁接伤口侵染最主要。

3. 防治方法 加强管理,增强树势,提高抗病能力。栽植抗病品种。

(1)**防止接触感染** 在病区内嫁接需进行工具消毒,用401或402抗菌剂200倍液涂抹嫁接刀、修枝剪、锯子。要做到嫁接1株,消毒1次。注意及时防虫,防止昆虫为害时传播病菌。对引进

第八章 休眠期(落叶后至翌年萌芽前)管理

的种、接穗、苗木必须严格检疫和消毒,防止病菌带入传播。

(2)选育抗病品种 到目前为止,尚未发现绝对抗病的品种。我国板栗种质资源丰富,有希望选出抗病品种。

(3)药剂防治 用401抗菌剂400~500倍液+0.1%升汞涂病部,能控制并不发展。具体方法是在4月下旬开始,每隔15天涂1次药,共涂5次。涂药前先刮去病部的粗树皮,用毛刷蘸药涂抹。

(四)板栗白粉病

1. 分布及危害 该病广泛分布于河南、陕西、江苏、浙江、山东、安徽、贵州、广西等地。寄主有板栗、毛栗、栎类。以苗木、幼树发病受害最重,受害叶片发黄和焦枯,甚至死苗。

2. 病害症状 危害幼苗、新梢叶片和幼芽。有的发生在叶片正面,有的发生在叶片背面,叶片出现黄斑,随后出现大量白粉即分生孢子。受害嫩叶发生扭曲。嫩梢受害后,生有白粉,影响木质化,易受冻害。秋季在白粉层中形成许多黑色小颗粒,即为子囊壳。

病原菌为板栗白粉病菌,有2种:一是角球真白粉菌,子囊壳直径150~300微米,金针状附丝5~9支,基部膨大成半球状,内有6~20个子囊,寄生在叶背面。二是粉状叉丝白粉菌,子囊壳直径94~169微米,具有两叉式分枝的附属丝。寄生在叶片的正面。

3. 发病规律 2种白粉病均以子囊壳在病叶、病梢上越冬。翌年4~5月份遇雨水放射子囊孢子,侵染新梢嫩叶。以后随着新梢的生长,病原菌连续产生新孢子,多次侵染危害。温暖而干燥的气候条件有利于白粉病的发展。发病1~2年生苗木最烈,10年生以上大树发病较少。苗圃潮湿,苗木过密的情况下新梢嫩叶发病严重。

4. 防治方法

(1)农业防治 冬季清扫落叶烧毁。氮、磷、钾配合施用。多施硼、铜、锰等微量元素,控制氮肥用量。避免苗木过密徒长。

二、病虫害防治

(2)化学防治　萌芽前喷1次3~4波美度石硫合剂,萌芽后喷0.2~0.3波美度石硫合剂或50%福美甲胂粉剂1000倍液。

(五)板栗叶斑病

1. 分布及危害　该病主要分布在辽宁、河南等地。寄主植物主要有板栗、槲。在叶片形成枯死的病斑,严重时可引起栗树早期落叶,苗木和幼树受害最大。

2. 病害症状　该病发病初期,在叶脉之间,叶缘及叶尖处形成不规则的黄褐斑,直径0.4~2厘米,边缘色深,外围组织也褪色,形成黄褐色晕圈。随着病斑的扩大,病斑中出现小黑颗粒,即为病菌分生孢子盘,发病后期,小黑颗粒排成同心轮纹状。

3. 发病规律　栗叶斑病以分生孢子在落叶病斑上越冬,为翌年初侵染时的病菌来源。多在秋季发病,秋季雨水多,分生孢子多次再侵染,病害严重。

4. 防治方法
(1)农业防治　冬季清除栗园落叶,集中烧毁越冬病源。改善栗园通风透光条件,提高抗病力。
(2)化学防治　发病前期叶面喷(1∶1∶160)波尔多液进行预防。

(六)栗实霉烂病

1. 分布及危害　该病各栗产区都发生,在栗实采收后,贮藏运输过程中,经常大批栗实发霉、腐烂,造成很大损失。

2. 病害症状　发病的栗实内外,特别是子叶部分,长有绿色、黑色或粉红色霉状物,种仁变褐腐烂或僵化,具有苦味和霉酸。

3. 发病规律　病菌由栗实伤口侵入,虫蛀或采收脱粒运输造成的伤口,特别有利于病菌侵入,贮藏的栗实若含水量过高或堆集受潮,贮藏温度过高或通风透气不良,均易引起霉烂。

第八章 休眠期(落叶后至翌年萌芽前)管理

4. 防治方法

(1)做好栗实筛选 贮藏前应剔除虫蛀果、各种机械损伤果实。

(2)做好贮存库消毒 用硫磺熏蒸24小时消毒。

(3)栗实消毒 栗实贮藏前用50%甲基硫菌灵可湿性粉剂500倍液浸泡2分钟。

三、板栗整形修剪操作技术及注意事项

(一)板栗整形修剪操作技术

1. 修枝剪的使用方法 修枝剪要正拿,剪刀刃向下,剪砧向上。剪小枝时,剪口要顺着树枝杈的方向或侧方向剪,这样不但省力,而且伤口平滑。剪较粗的枝时,最好是右手握剪子,左手将枝向着剪砧的方向向下推,左右手要同时用力配合好,枝即容易剪下,又不至于将修枝剪用坏。

1年生枝剪口的状况,对发枝影响很大。如果剪口芽上面留得过长,容易形成死桩,影响新梢的生长;如果剪口过于贴近剪口芽,不但易伤芽体,而且剪口截面易干缩,影响剪口芽生长。正确的剪法应该是从芽的背面下剪,剪成45°角的斜面。斜面的上端和芽的顶部平,剪口的下端和芽体的基部齐。

2. 手锯的使用方法 剪不下的大枝要用手锯。在锯大枝时最好先在大枝的下面向上锯1/3深,然后再从上面往下锯。如果不从下面锯就从上面锯,往往会因枝梢的重量作用,造成锯口劈裂。如果要锯的枝很大,最好分段锯。锯口最好用刀子削平,有条件时涂上保护剂。

三、板栗整形修剪操作技术及注意事项

(二)整形修剪注意事项

首先要调查研究。在动手之前,先仔细地看一下,了解品种、树形、生长结果情况。根据整形修剪的要求和原则确定修剪方案。修剪时,先从树冠上部开始,逐渐向下进行。先去多余的大枝,然后去多余的小枝。工作人员要穿软底鞋,以免踩伤树皮。剪下的病虫枝、叶要集中起来烧掉或深埋。多用梯子,少上树,以免压坏树枝、树皮。一株树剪完后再复查1次,防止遗漏。小心操作,注意安全。

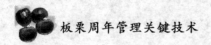

附录　板栗丰产栽培周年管理工作历

物候期	主要管理作业		
	地下管理	地上管理	病虫害防治
休眠期 （12月份至 翌年2月份）	1. 深翻改土。结合深翻施入基肥。以有机肥为主，适量混入磷、钾和硼肥。 2. 水土保持。山地板栗园修整梯田、鱼鳞坑等水土保持工程。 3. 扩穴。从栽植的第二年开始，3～4年完成扩穴任务。 4. 整地。12月底以前完成整地扩穴任务，以利于土壤风化	1. 冬剪。幼树整形修剪，采用低干、矮冠、自然开心等树形，培养3～4个主枝，外围掌状枝见五截二，见三截一，成龄树修剪，去弱留强，1米^{2}结果母枝留9～12个。 2. 采集良种接穗。结合修剪，良种接穗，沙藏或蜡封后备用。 3. 低产园改造。采用逐年更新、大更新或截干的方法进行低产园改造	1. 虫情测报。做好栗瘿蜂、红蜘蛛、桃蛀螟、剪枝象等病虫害的预测预报工作。 2. 剪除病虫枝。将病虫害枝剪除，清除栗园，集中深埋或烧掉。 3. 种苗检疫。加强对苗木、种子、接穗的检疫工作，防止危险性病害带入新区

附录 板栗丰产栽培周年管理工作历

续附录

物候期	主要管理作业		
	地下管理	地上管理	病虫害防治
萌芽期 (3~4月份)	1.追施雌花分化肥。3月底或4月初施尿素、复合肥或板栗专用肥0.2~0.5千克/株,山地栗园可深施。 2.浇水。结合施肥和土壤墒情,适时浇水,确保栗树健壮生长。 3.间作。间作中药材或低秆农作物	1.高接换优。采用插皮接、插皮舌接或劈接等方法进行高接换优和树体改造,接后注意除萌,小梢长至30厘米时摘心,绑防风支架。 2.培育嫁接苗。嫁接时期为萌芽前后20天。 3.腹接补枝。内膛空虚的大树,在骨干枝光秃部位腹接补枝	1.淡娇异蝽。4月上旬若虫上树后,喷洒90%晶体敌百虫1 000倍液防治。 2.栗瘿蜂。剪除虫瘿;保护利用天敌,树冠喷洒50%杀螟硫磷乳油1 000倍液。 3.栗瘿病。刮除病斑,深达木质部;用10%402抗菌剂400~500倍液+0.5%菌毒清液涂抹病部,刮下的组织集中烧掉
新梢生长期 (5~6月份)	间作。间作绿肥、豆类或早秋作物	叶面施肥。5月份、6月份各喷1次,浓度0.3%尿素溶液	1.苞深埋或烧毁;喷90%晶体敌百虫1 000倍液防治成虫。 2.栗红蜘蛛。药剂涂干,越冬卵孵化后,喷洒20%四螨嗪悬浮剂3 000倍液或5%噻螨酮乳油2 000倍液防治,保护和利用天敌昆虫

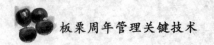

续附录

物候期	主要管理作业		
	地下管理	地上管理	病虫害防治
果实膨大期 (7～9月份)	1. 追施果实膨大肥,施尿素、硫酸钾各0.3千克/株。 2. 松土除草。适时中耕、松土除草。 3. 浇水	1. 摘心。7月中旬以后停止摘心。 2. 清理果园。清理果园内杂草,准备采收	1. 桃蛀螟。利用黑光灯和性信息激素诱杀成虫;选用短效农药或有内吸作用及仿生合成农药进行防治。 2. 栗实象甲。利用成虫假死性进行人工捕杀;地面喷洒5%辛硫磷粉剂毒杀成虫
采收期 (9～10月份)	秋施基肥。10月底按每产1千克栗实施入5千克有机肥,并掺入适量的磷、钾肥,开沟施入	采收。当栗苞表面变黄,有50%栗苞开裂时可一次采收	1. 栗实象甲。将采收的栗苞集中脱粒,诱杀脱果越冬的幼虫。 2. 桃蛀螟。采收时及时脱粒,防止幼虫蛀入坚果,用溴甲烷熏蒸栗实,杀死幼虫
落叶期 (11月份)	1. 深翻改土。 2. 施基肥。 3. 修整水土保持工程。 4. 改建整地	清理栗园。清除枯枝落叶,深埋或烧毁,减少病虫源	防止栗实腐烂病。栗实贮藏时用70%托布津可湿性粉剂500倍液浸果3分钟,可防治腐烂,定期检查,发现问题,妥善处理

参考文献

[1] 吕平会,何佳林,季春平.板栗标准化技术[M].西安:陕西人民教育出版社,1999.

[2] 吕平会,李龙山,何佳林.中国板栗生产与加工[M].西安:陕西人民教育出版社,1997.

[3] 姜国高.板栗早实丰产栽培技术[M].北京:中国林业出版社,1995.

[4] 张铁如.板栗无公害高效栽培[M].北京:金盾出版社,2004.

[5] 曹尚银.优质板栗无公害栽培[M].北京:科学技术出版社,2005.

[6] 原双进,晏正明.经济性优质丰产栽培技术[M].杨凌:西北农林科技大学出版社,2009.